CROSSROAD LAB

ウイスキーを趣味にする

人気YouTuberが教えるウイスキーの楽しみ方

はじめに

私が独立開業した2000年は世界的にもウイスキーが低迷期で、数々の蒸溜所が生産を停止、もしくは制限するなど、まさにウイスキー業界は「冬の時代」でした。ウイスキー好きがいたとしても、共有できる仲間や情報もなく、ひそかに楽しむ趣味のひとつに過ぎなかったのです。

それが近年、ウイスキーは世界的に大ブームとなりました。ウイスキーの発祥の地とも呼ばれるスコットランドやアイルランド、そしてバーボンで有名なアメリカも長い低迷期を抜け、売り上げを伸ばしています。日本では古くからサントリーやニッカウヰスキーがウイスキーを製造していましたが、2008年頃からのハイボールブームにより急激にウイスキーが人気に。その後NHK連続テレビ小説「マッサン」などをきっかけに、深くウイスキーにはまる方が続出しています。急な人気に対応できず原酒不足に陥り各社は生産を増強。新規の蒸溜所が日本を含め世界中で建設ラッシュになるなど、とどまる所を知りません。

日本のウイスキーは「ジャパニーズウイスキー」と呼ばれ世界的な品評会でも高く評価され世界中が注目するウイスキーのジャンルのひとつとなりま

した。

そんな日本のハイボールブームの中、趣味としてウイスキーをより本格的に楽しむ人も急増しています。インターネットの普及で手軽に情報が検索・収集できる時代だからこそ「ウイスキーを趣味にする」ということが誰でも簡単にできるようになったのではないでしょうか。ウイスキーにはたくさんの種類があり銘柄の数も日に日に増えています。

すでにウイスキーを飲まれている方も、これからウイスキーを飲み始める方も最低限の知識を身に付け、自分が手に取ったウイスキーが、どのようなものなのかがわかれば、それは「ウイスキーを趣味」にするということの第一歩なのではないでしょうか。

本書では「CROSSROAD LAB」（YouTube チャンネル）をベースにウイスキーをさらに楽しむ方法を提案しています。参考までに、タイトルの上にあるQRコードで該当する YouTube ページの動画にリンクされています。ウイスキーとはいったいどういう酒なのか。是非 YouTube チャンネルも併せてお楽しみください。

CROSSROAD LAB マスター

YouTubeチャンネル
CROSSROAD LAB
（クロスロード ラボ）

https://www.youtube.com/c/CROSSROADLAB

2016年6月よりYouTubeチャンネルを開設。

当初はさまざまなジャンルの動画を投稿していたが、昨今の世界的ウイスキーブームからニーズの高まりを感じ2019年1月より20年以上の飲食店経営と現場経験の知識を生かし徐々にウイスキー専門チャンネルに路線変更。

2021年現在、同ジャンルでは日本最大の登録者数を誇るチャンネルに成長。

セカンドチャンネルを含めた2つのチャンネルとライブ配信などで精力的に情報を発信している。

Contents

Part3 世界のウイスキー

Part4 もっと知りたいウイスキーの話

Part5 飲んでみたいウイスキー 飲み比べしたいウイスキー

注意事項

- 情報はすべて2021年11月末現在のものです。

> タイトルのQRコードで該当のYouTubeページに飛べるようになっています。YouTubeのタイトルと本のタイトルはわかりやすくするため違う場合があります。

- 今回「参考品」として紹介したものは、現在日本で正規代理店としての扱いがないものです。もともと日本での正規代理店での扱いがないものの他、以前は正規代理店より販売されていたけれど終売になってしまったものも含みます。
- テイスティングコメントについては個人の感想です。
- 本文中には、™、©、® などのマークは明記しておりません。
- 本書に掲載されている会社名、製品名は、各社の登録商標または商標です。
- 本書によって生じたいかなる損害につきましても、著者ならびに（株）マイナビ出版は責任を負いかねますので、あらかじめご了承ください。
- 動画と掲載した内容は異なることがあります。
- 文中敬称略。

STAFF

デザイン　TYPEFACE（渡邊民人、清水真理子）
イラスト　内山弘隆
DTP　風間佳子
編集制作　バブーン株式会社（矢作美和、茂木理佳、相澤美沙音、千葉琴莉）

Part 1

イチから知りたい！ウイスキーの基礎知識

ウイスキーの定義から種類、ラベルの見方まで

基礎知識がわかる！
今日から始めるウイスキー

ウイスキーは アルコール度数が高い

ウイスキーが気になるけれど、どれから飲んだらいいかわからない、どういう種類があるかわからないという方は、まず最低限の専門用語を覚えましょう。

一般的にウイスキーは「穀物を原料とした蒸留酒」で、できあがった蒸留酒を木の樽に入れて何年も熟成します。ウイスキーは2～3回蒸留してアルコール度数を高めるので、一般的にアルコール度数は40％以上あり、高いものでは60％を超えるものもあります。

モルトウイスキーは 大量生産が難しい

原料である穀物は大麦麦芽、トウモロコシ、ライ麦、小麦など。大麦麦芽は発芽した大麦のことでモルトと呼ばれます。

このモルトを原料に糖化・発酵をして、単式蒸留器（ポットスチル）という大きなやかんのようなもので2～3回蒸留してアルコール度数を高めていきます。

ポットスチルで蒸留するモルトウイスキーは、大量生産はできませんが、蒸溜所ごとに個性があり、現在世界的に大人気です。

もうひとつ、モルト以外の穀物を用いて連続式蒸留機で造るウイスキーがグレーンウイスキーです。こちらはモルトウイスキーと比べると大量生産に向いていて、価格も比較的安く抑えられます。

最低限の用語を
覚えると内容が
スムーズに
理解できます

「ウイスキー＝穀物を原料とする蒸留酒」

ウイスキーは大麦麦芽などを原料にした蒸留酒。他の蒸留酒はブランデー、ウオッカ、ジン、ラム、テキーラ、焼酎など。一方、日本酒やビール、ワインは醸造酒で蒸留はしません。

大麦麦芽（モルト）

発芽したモルトの酵素力で糖化が進み、アルコール発酵が起こります。

トウモロコシ・小麦・大麦・ライ麦・他

トウモロコシなどを材料にしても糖化させる過程で大麦麦芽＝モルトは使用されます。

モルトウイスキー

発芽した大麦であるモルトを原料に単式蒸留器で蒸留するウイスキー。蒸溜所ごとの個性も出やすく、少量生産で高価なものも。

単式蒸留器（ポットスチル）は蒸溜所ごとにさまざまな形があり、それによりできあがる酒質もさまざまです。

グレーンウイスキー

一般的にモルト以外の穀物で造られるのがグレーンウイスキー。全てではありませんが、個性が出にくく、大量生産しやすくて安価。

蒸留を連続で何度も繰り返してくれる蒸留器が連続式蒸留機。すっきりクリアで雑味の少ないウイスキーになります。ちなみに連続式蒸留機でモルトを蒸留してもグレーンウイスキーと呼びます。

グレーンウイスキーもモルトウイスキーと同じように熟成

スコットランドの法律ではウイスキーは３年以上熟成させないとスコッチとは呼べません。それはモルトウイスキーもグレーンウイスキーも同じ。蒸留したての荒々しいスピリッツは木の樽で熟成（長いものは80年！）することで、さまざまな香味のウイスキーに生まれ変わります。

ウイスキーの種類はさまざま

**ブレンデッド
ウイスキー**

「響」はブレンデッドウイスキー。モルトウイスキーとグレーンウイスキーをブレンドして造られています。

**シングルモルト
ウイスキー**

「山崎」は山崎蒸溜所で造られたモルトウイスキー、「白州」は白州蒸溜所で造られたモルトウイスキー。単一の蒸溜所（シングル）で造られているからシングルモルトウイスキーと呼ばれます。

**シングルグレーン
ウイスキー**

「知多」は知多蒸溜所で造られたグレーンウイスキー。単一の蒸溜所で造られているのでシングルグレーンウイスキーとなります。

原料やブレンドの有無でウイスキーは区別される

次に、ウイスキーの種類を説明しましょう。まずはシングルモルトウイスキーです。シングルとはひとつの蒸溜所という意味で、ひとつの蒸溜所で造られた、大麦麦芽（モルト）が原料のウイスキーのことです。

シングルグレーンウイスキーはひとつの蒸溜所で造られた、モルト以外の穀物を原料としたウイスキーのことです（モルトを連続式蒸留機で蒸留することも）。

もうひとつ、「響」などに代表されるブレンデッドウイスキーはモルトウイスキーとグレーンウイスキーをブレンドしたウイスキーです。

シングルモルト、ブレンデッド、グレーンはどうやって見分けるか？

シングルグレーンウイスキーの原材料にはグレーン、モルトと記載されています。

ブレンデッドウイスキーは裏ラベルの原材料のモルト、グレーンでわかります。

シングルモルトウイスキーは表ラベルに SINGLE MALT WHISKY と書いてあります。

ブレンデッドモルトとは？

「竹鶴 ピュアモルト」は余市蒸溜所と宮城峡蒸溜所を、「ニッカ セッション」は上記の蒸溜所とニッカウヰスキー所有のベン・ネヴィス蒸溜所のモルト原酒を中心に、その他複数のスコットランドのモルト原酒をブレンドしたものです。ただ、シングルモルト「余市」と「宮城峡」をそのままブレンドしても「竹鶴 ピュアモルト」にはなりません。蒸溜所には多種多様な原酒があり、これを独自にブレンドするのです。

グレーンウイスキーにモルトが入っているのはなぜ？

グレーンウイスキーの原材料にモルトと記載されているのは、糖化・発酵の過程で大麦麦芽（モルト）の酵素力を使っているから。モルトの酵素が穀物のでんぷんを糖に、たんぱく質をアミノ酸に変化させて、アルコール発酵の元になっているからです。

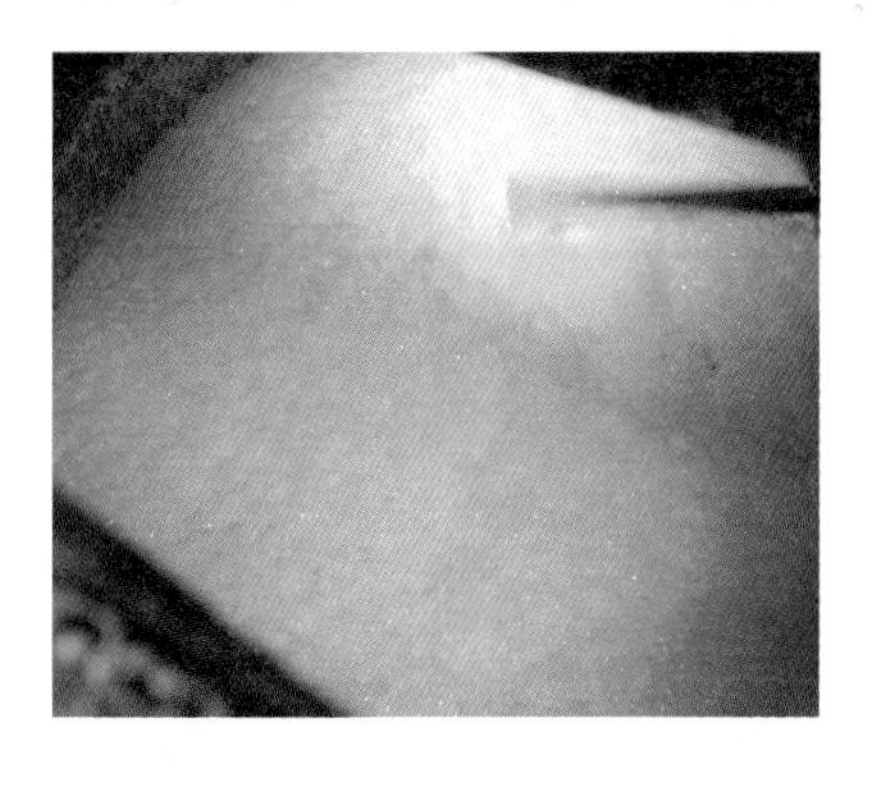

ブレンデッド・スコッチウイスキー

左から「デュワーズ　ホワイト・ラベル」「ホワイトホース ファインオールド」「シーバスリーガル 12年」「シーバスリーガル ミズナラ 12年」「カティサーク」「ジョニーウォーカー ブラックラベル12年」「ジョニーウォーカー レッドラベル」「バランタイン ファイネスト」。

ウイスキー入門にふさわしい1本

日本のウイスキーのお手本ともなっているスコッチウイスキー。その中のブレンデッドウイスキーはモルトウイスキーとグレーンウイスキーをブレンドしたものですが、後者が比較的安価なため、リーズナブルなウイスキーが多いです。シングルモルトブームもあり、少し影が薄くなっていますが、ウイスキー全体を見るとブレンデッドウイスキーのほうが圧倒的に売れています。

ブレンデッドウイスキーはバランス型が多く、何十種類もの原酒をブレンドして、誰でも飲みやすい味に作られています。スコッチウイスキー入門としてもっともふさわしいラインナップではないでしょうか。

スーパーなどで見かけるラインナップ。どのウイスキーもハイボール需要としても人気。

シングルモルト・スコッチウイスキー

左から「グレンモーレンジィ10年」「グレンフィディック12年」「ザ・グレンリベット12年」「ザ・マッカラン12年シェリーオーク」「タリスカー10年」「ボウモア12年」「アードベッグ10年」「ラフロイグ10年」。

蒸溜所の数だけシングルモルトがある

次はシングルモルト・スコッチウイスキーです。シングルモルトウイスキーはひとつの蒸溜所で造られたモルトウイスキーのことなので、蒸溜所がとても重要です。蒸溜所の数だけ、シングルモルトがあると思ってもいいでしょう。

現在スコットランドには130カ所以上の蒸溜所があり、ひとつの蒸溜所でさまざまな銘柄を出しているところもあります。そしてそれぞれの蒸溜所の個性が際立っています。

14ページのブレンデッドウイスキーのラインナップと比べるとシングルモルトは比較的価格が高いです。それは主に、モルト原酒のみを使用しているから。また、近年のブレンデッド・スコッチウイスキーには年数表記のないものも多いですが、スタンダードなシングルモルト・スコッチウイスキーは年数表記がついているものが多いです。

基本的には熟成年数が長いと、その分価格は高くなります。とは言え、熟成年数が短くても美味しいものはたくさんあります。年数表記はあくまで目安なのです。

スコッチの地域区分

地域により個性が変わってくる

スコッチの地域区分は左図のようにハイランド、スペイサイド、ローランド、アイラ、キャンベルタウン、アイランズに分けられます。15ページで紹介したシングルモルトウイスキーはそれぞれの地域の代表的な銘柄です。「グレンモーレンジィ10年」はハイランドを、「グレンフィディック 12年」「ザ・グレンリベット 12年」「ザ・マッカラン12年」はスペイサイドを代表する銘柄です。「タリスカー10年」はスカイ島で造られるアイランズウイスキーです。

一方、「ボウモア12年」「アードベッグ10年」「ラフロイグ10年」はアイラモルトです。アイラ島では一般的に大麦を発芽させ乾燥させる際にピート（泥炭）を使います。ピートは植物などが堆積して泥化し、炭になったもの。この過程で麦芽に独自の香りが付き、スモーキーで、クセが強いと言われるピーテッドウイスキーができあがります。

なかでもクセが強いといえば「ラフロイグ」。キャッチコピーに「好きになるか嫌いになるか」とあるくらいで、極端なスモーキーさと個性的な味わいがウイスキー好きを魅了しています。現在、世界的にもスモーキーなシングルモルトの人気が高くなっています。

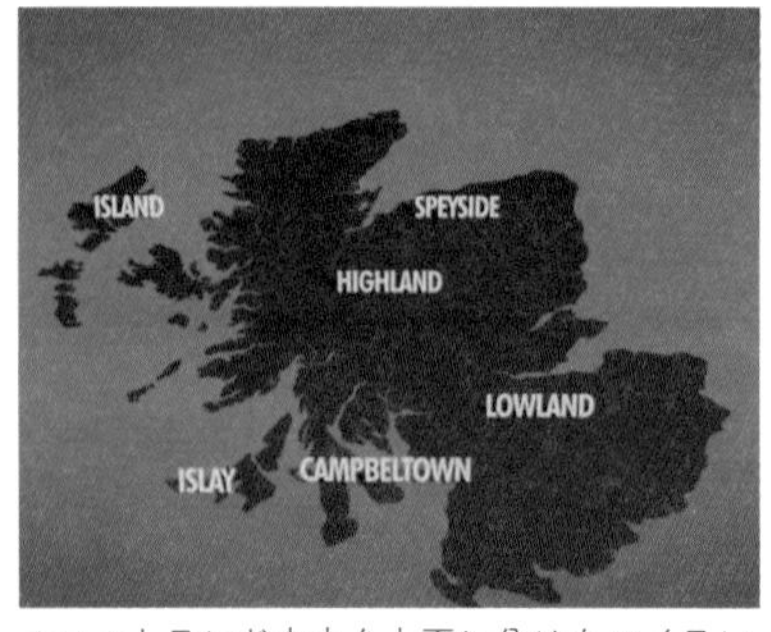

スコットランド本土を上下に分けたハイランドとローランド。そのハイランドの中でも蒸溜所がひしめき合っている場所がスペイサイド。スペイ河に沿ってたくさんの蒸溜所があります。他には、スコッチの聖地ともいわれ複数の蒸溜所があるアイラ島、周囲の島々の総称アイランズ、小さな港町のキャンベルタウンがあります。

ピートはヒースなどの植物が長い時間をかけて泥化したもの。写真はピート採掘場。

シングルモルトウイスキー　樽へのこだわり

どの樽で熟成するかも味の方向性を決めている

シングルモルトで大切なのが熟成樽です。ウイスキー造りに熟成樽は重要な要素です。

たとえば「ラフロイグ10年」ならアメリカのバーボン樽で熟成しています。

「ザ・マッカラン」には主にシェリー樽がよく使われます。スペインの酒精強化ワイン、シェリーを熟成させた樽を使って熟成させるのです。また、「ボウモア12年」にはバーボン樽原酒、シェリー樽原酒の両方がブレンドされています。

シングルモルトといっても、ひとつの樽から瓶詰めして販売されるわけではなく、一般的には100樽以上のさまざまな原酒がブレンドされ、定番品と呼ばれるウイスキーが作られます。逆に限定品などは少数の樽からひとつの銘柄を作る場合もあります。そのほか、赤ワインの樽やテキーラの樽（近年スコッチ法が変わり使用可能に）、ラム樽、ビール樽、焼酎樽などが使われることもあります。つまり、スコッチの原酒は他のお酒で使った樽で熟成されることが一般的です。もちろん新樽が用いられることもあります。

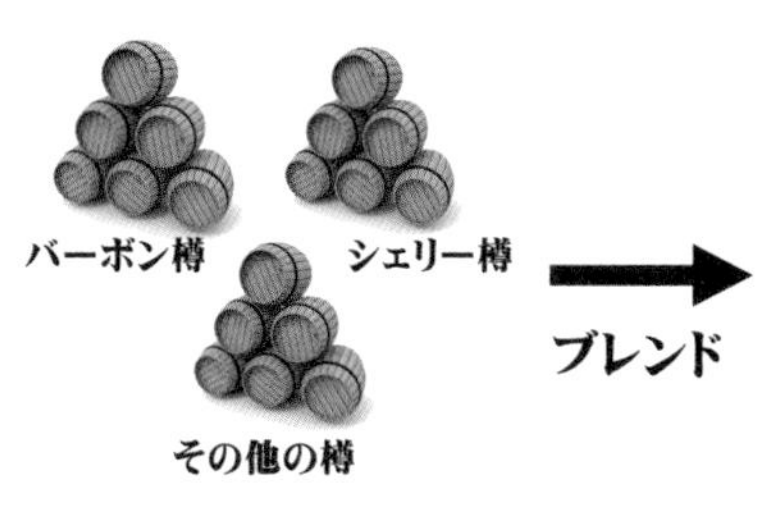

熟成樽へのこだわり

熟成中、ウイスキーは少しずつ蒸発して失われます。これを天使の分け前(エンジェルズシェア)といいます。

現在世界的なウイスキー人気でシェリー樽は不足気味。今では疑似シェリーを使いウイスキーのためのシェリー樽を作るのが一般的です。

左から「ジャック ダニエル」、日本で人気の「I.W.ハーパー ゴールドメダル」、パンチが効いた味わい「ワイルドターキー8年」、世界一売れているバーボン「ジムビーム」、人気のクラフトバーボン「メーカーズマーク」、日本で人気が高い「アーリータイムズ」、「フォアローゼズ」。

トウモロコシを原料に多く含む

アメリカンウイスキーはアメリカで造られるウイスキーの総称ですが、上の写真で並んでいるのは主にバーボンウイスキーです。

ただし、「ジャックダニエル」はテネシー州で造られるテネシーウイスキーです。基本的に製法はバーボンと一緒ですが、チャコールメローイングという独自の製法が特徴のひとつです。ちなみに、「ジャックダニエル」は世界一売れているアメリカンウイスキーでもあります。

バーボンウイスキーは基本的に原材料にトウモロコシが多く含まれています。トウモロコシを51%以上使用することが決められ、残りはライ麦、小麦、大麦など他の穀物が使われています。それにより蒸溜所や各銘柄によってさまざまなレシピが存

トウモロコシが51%以上

トウモロコシの他、小麦やライ麦などさまざまな穀物を使用します。

在し、それがバーボンの味わいを決める重要な要素のひとつになっているのです。

熟成方法にバーボンらしさが!

バーボンウイスキーには年数表記のないものが多いのですが、これはアメリカの気候が比較的暖かいので、熟成が早く進み、あまり熟成年数に縛られない傾向にあるというのが理由のひとつです。このため、スコッチウイスキーと比べると比較的安価です。

もうひとつの特徴が熟成に必ず内側を焦がしたオークの新樽を使わなければいけないこと。なお、バーボンウイスキーの原材料にモルトと入っていますが、これはモルトの酵素力を使って糖化・発酵を行うからです。スコッチウイスキーの定義から考えると、バーボンはグレーンウイスキーもしくはブレンデッドウイスキーと呼ぶこともできます。

独特な甘さがバーボンの魅力

バーボンウイスキーやテネシーウイスキーの他、アメリカンウイスキーには、ライ麦を主体としたライウイスキーや小麦を主体とするホイートウイスキー、バーボンよりトウモロコシの含有量を増やしたコーンウイスキーなどがあります。最近ではスコッチウイスキーにならったシングルモルトを造っている蒸溜所もあります。

まずは18ページのもっとも有名なアメリカンウイスキーでもあるバーボンウイスキー、そしてテネシーウイスキーのラインナップから飲んでみてはいかがでしょうか。

新樽を焦がした樽で熟成

一般的にスコッチウイスキーは、シェリー樽やバーボン樽、ワイン樽など一度違うお酒を入れた樽を使いますが、バーボンではイチから樽を作り、内側を強く焦がして使います。この内側を強く焦がすことを「チャー」といい、独特の甘いバニラのような香りが付きます。同時に炭の成分がウイスキーの嫌気成分を吸収してくれるともいいます。

https://luxrowdistillers.com/bourbon-barrel-charring-process/
https://www.npr.org/sections/thesalt/2014/12/29/373787773/as-bourbon-booms-demand-for-barrels-is-overflowing

アイリッシュウイスキーとカナディアンウイスキー

右は「ジェムソン」。日本ではハイボールでよく飲まれます。左は「カナディアン・クラブブラックラベル」。CCと略されて呼ばれることも。

アイルランドは蒸溜所建設ラッシュ

アイルランドで造られているウイスキーがアイリッシュウイスキーで、実は現在、とても盛り上がっている地域でもあります。

上の写真の「ジェムソン」は、日本で一番メジャーなアイリッシュウイスキーでもあり、世界的にも一番売れているアイリッシュウイスキーでもあります。

実は18世紀から19世紀のアイルランドには、密造の蒸溜所も含めると2000カ所くらい蒸溜所があったとのこと。ですが、アイリッシュウイスキー業界にさまざまなことが起こり、2010年までに3軒まで蒸溜所が減ってしまいました。それが2010年以降の世界的なウイスキーブームの盛り上がりとともに、次々と蒸溜所が建設されていて、現在では約40カ所にものぼります。

盛り上がりを見せるカナディアンウイスキー

カナディアンウイスキーはカナダで造られるウイスキーです。「カナディアン・クラブ」は日本でもっとも有名なカナディアン・ブレンデッドウイスキーです。カナダもアイルランドと同様、昔はたくさんの蒸溜所があったのですが、一時は減退してしまいます。しかし現在は、クラフト蒸溜所などが徐々に増え始めてきています。

ジャパニーズウイスキー（ブレンデッドウイスキー）

サントリーのブレンデッドウイスキー

左から「響」「サントリーローヤル」「サントリーオールド」「スペシャルリザーブ」「サントリー角瓶」。このうち、「サントリー角瓶」以外はジャパニーズウイスキーの定義に当てはまっています。

ニッカウヰスキーのブレンデッドウイスキー

左から「ブラックニッカ クリア」「ブラックニッカ ディープブレンド」「ブラックニッカ リッチブレンド」「ブラックニッカ スペシャル」「スーパーニッカ」「フロム・ザ・バレル」。どれも国内自社原酒と海外原酒のブレンドです。

ブームのなか定義が決定される

日本のウイスキーは今とても人気があります。原酒不足もあり、22～23ページの写真のウイスキーのほとんどが酒販店でなかなかお目にかかれないウイスキーとなっています。

その中で、2021年4月1日にジャパニーズウイスキーの要件が定義されました。ただし、この定義は多くのウイスキーメーカーが所属する、日本洋酒酒造組合内でのものです。なので組合に所属していない企業にはあまり意味はないのですが、今まで定義がなかったことを考えると大きな第一歩ではないでしょうか（詳細は63ページ参照）。

ジャパニーズ・シングルモルト

左からサントリーの「山崎」「山崎12年」「白州」「白州12年」、ニッカウヰスキーの「余市」「宮城狭」。どれも各蒸溜所の名を冠した日本を代表するジャパニーズ・シングルモルトウイスキーです。

ブームをけん引する「山崎」「白州」

現在ジャパニーズウイスキーブームの花形でもあるシングルモルト。単一の蒸溜所のみで造られたモルトウイスキーで、各蒸溜所の個性やこだわりが反映しています。

なかでもサントリーのシングルモルト「山崎」「白州」シリーズは世界中から高い評価を受けています。それぞれ「ノンエイジ」「12年」「18年」「25年」のラインナップがあり、歴史のあるシングルモルトです。

ニッカウヰスキーからは、所有する各蒸溜所で造られたシングルモルト「余市」「宮城峡」が発売しており、こちらも高い人気を博しています。

イチローズモルトはクラフト系の先駆け

続いて埼玉県秩父市にある秩父蒸溜所で造られた「イチローズモルト」。大人気かつ入手はかなり困難です。海外のオークションではとんでもない金額がつくこともあり、近年ではイチローズモルト・カードシリーズ54本セットが海外オークションで約1億円（手数料など込み）で

右は「イチローズモルト＆グレーン」。ワールドブレンデッドウイスキーという名の通り、海外のさまざまな原酒と自社原酒をブレンド。「イチローズモルト 秩父 ザ・ファーストテン」は蒸溜所初めての年数表記がついたシングルモルト。

1～2年の間に新発売されたものを中心としたクラフト蒸溜所のウイスキーで、すべてシングルモルトウイスキーです。日本には熟成年数の規定はありませんが、スコットランドにならって3年以上熟成されています（クラフト蒸溜所については67ページ参照）。

落札されたというニュースもありました。なお、イチローとは秩父蒸溜所の創業者でもある肥土伊知郎さんの名前からとられています。

10年後の日本のウイスキーに期待

ジャパニーズウイスキーブームのなか、最近はクラフト蒸溜所がどんどんできています。上の写真のラインナップは新規蒸溜所や設備を新調し新たにスタートした蒸溜所のものです。これだけでもいろいろありますが、計画中のものも含めるとなんと約50カ所以上もの蒸溜所があります（67ページ参照）。2000年代初頭には数軒しかなかったウイスキーの蒸溜所が今や計画中を含めると50軒以上。まだまだ増えるでしょう。

10年後にはこうした蒸溜所のシングルモルトが出そろうことを考えるととても楽しみです。基本的に少量生産で実験を繰り返し模索しているということもあり、価格はまだまだ高いのですが、バーなどで成長の経過を楽しむ他、抽選販売を実施しているところもあるので、オフィシャルサイトなどの情報をチェックするのもよいかもしれません。

その他の国のウイスキー

左からインドの「アムルット・フュージョン」「アムルットピーテッド」。台湾の「カバランオロロソシェリーオーク」「カバランソリストバーボン」「カバランクラシック」。

インドと台湾のシングルモルト

スコットランド、アメリカ、日本、アイルランド、カナダのウイスキーを世界5大ウイスキーといいますが、ここではそれ以外の国で、特に注目されているものをピックアップしてみました。

まずインドの「アムルット」。実はインドは世界で一番ウイスキーを消費している国で、世界で一番売れているウイスキーも実はインドのものです。ただ、他の国の基準には当てはまらないウイスキーが多く、インド以外ではあまり流通していません。そのなかで、「アムルット」はスコッチウイスキーの製法にならったシングルモルトでとても質が高く、世界のコンテストでも高評価を受けています。

次は台湾のカバラン蒸溜所。こちらも世界的にとても高い評価を受けていて、数々の品評会でたくさんの賞を受賞しています。今まで暖かい地域ではウイスキーを造るのは難しいといわれてきたのですが、技術も進んで暖かい地域でも高水準のウイスキーが造れることを実証したのではないでしょうか。加えて、インドも台湾も気温が高いので熟成がとても早く、短期間でも熟成感のある味わいになるのも強みのようです。

ウイスキーの飲み方

ウイスキーは常温のストレートが基本

次はウイスキーの飲み方です。まずはストレート。ニートともいいます。実はウイスキーは一般的にストレートで飲むように造られているのです。意外かもしれませんが、スコットランドやアイルランドでは、ウイスキーを常温のストレートで飲むのが一般的です。どうして常温かというと、冷やすと甘さなどのフレーバーが抑えられ、苦味などが前面に出る場合もあるから。ただ、アルコール度数が高いのでストレートは少し辛いと思う方がいらっしゃると思いますが、大丈夫です。加水して飲めばいいのです。きついなと思ったら常温の水を足していきます。常温の水とウイスキーを1対1で飲むトワイスアップという飲み方もありますが、1対1でなくてもよく、自分がちょうどいいなと思うところまで少しずつ加水していきましょう。水を少し入れるだけでさらに香りが立ってきます。これは科学的にも証明されています。そのまま飲むとアルコールのピリピリ感が強いウイスキーもありますが、加水することでそれがなくなり甘さやフルーティーさが際立ってきます。ス

日本のバーでストレートと頼むと、一般的にメジャーカップで30mlを量って、テイスティンググラスと呼ばれるグラスに入れて提供されます。テイスティンググラスはボウル（ふくらみ）の部分に香りがたまるのでより美味しく飲めるといわれています。

ウイスキーの味は後天的味覚（アクワイアード・テイスト）

ウイスキーはいきなり飲めるようになるものではありません。コーヒーやビール、わさびのように、最初は美味しく感じなくても、経験を重ねることにより美味しく感じるようになっていきます。このことを後天的味覚といいます。

トレートで飲む場合はチェイサー（水など）を用意して飲むとよいと思います。もちろん飲み方は自由です。

水割りやハイボールは1対3が基本

続いてオン・ザ・ロックです。ロックは氷を入れてウイスキーを注ぐだけ。ですが、できるだけ大きく透明な氷を使うと溶けにくく、徐々に味わいの変化を楽しめます。

ウイスキーを入れた後、かき混ぜるか否かは人それぞれです。混ぜるとウイスキーは一気に冷えますが、徐々に冷えるほうが好きな方もいらっしゃるので、まずは混ぜすぎずに一度飲んでみるのがいいでしょう。きつく感じる場合はストレートのときと同じように加水します。

続いて水割りです。ウイスキー1対水3を基準に、濃いめにするか薄めにするかをウイスキーによって変えます。ウイスキーはさまざまなアルコール度数や味わいのものがあるので、決まった比率はありませんが、ひとつ自分なりの基準を作っておくといいでしょう。

最後に大人気のハイボールです。ハイボールはグラスに氷を入れその段階でステアするとグラスが冷えます。冷えたら氷が少し溶けるので、それを切ることも重要です。

ハイボールもウイスキー1対炭酸水3を基準にしています。ウイスキーを注いだら、炭酸を入れる前にステアしてウイスキーを冷やします。こうすることで炭酸を注いだときの温度差がなくなり炭酸が抜けにくくなります。炭酸を入れるときはゆっくりと。注ぎ終わった後は炭酸が自然とウイスキーを撹拌するので1回マドラーを通すだけで十分です。

さまざまなウイスキーを飲んで比較するときに重要なのが分量。ジガーと呼ばれる計量カップで量って入れるようにすると、比較がしやすくておすすめ。日本では一般的に30mℓがワンショットです。

ハイボールはかき混ぜすぎると炭酸が早く抜けてしまいます。炭酸を入れたらマドラーを通すくらいで十分です。また、炭酸は氷に当てないようにそっと入れましょう。

経験値を上げる方法

経験を積めば味覚も進化していく

ここまでいろいろなウイスキーを紹介しました。紹介した全てのウイスキーを飲んでいただきたいと思うのですが、難しいですよね。フルボトルなら700~750㎖入っていますし、価格も高いです。

スコッチは好きだけどバーボンは苦手という方もいればその逆もあり、結局数をたくさん飲まないとわからないことも多いのです。たくさん飲もうと意識することで、好みの味に巡り合えることも多くなりますし、味覚もどんどん変化していくので、左のような方法でいろいろ飲んでみてはいかがでしょう。

ウイスキーをいろいろ飲む方法

1 バーや飲食店で飲む

オールドボトルやレアボトルにも出逢えます。
ウイスキーの話をしながら飲むと美味しさ倍増です。

2 ミニボトルで楽しむ

家飲み需要に合わせて、各社からさまざまなサイズのミニボトルが発売されています。

3 量り売りのサービスを利用

現在密かなブームでもある量り売り。高額ウイスキーやレアウイスキーでも量り売りなら気軽に試せます。

4 ウイスキー仲間とシェア

ウイスキー仲間を作るとよりウイスキーが楽しくなります。インターネットで仲間を作ってもよし、リアルな友達でもいいでしょう。SNSやオープンチャットをウイスキー専用に利用している方も多いので、そういうところでできた仲間とウイスキーを小分けにして分け合うのも楽しいのではないでしょうか。仲間がいると情報共有もできます。

初心者向け

ウイスキーのラベルを読み解く

ザ・マッカラン シェリーオーク12年

スペイサイドの蒸溜所ですが、スペイサイドはハイランド内にあるので表記はハイランドになっています。

マッカランは銘柄の名前でもあり蒸溜所の名前でもあります。このふたつが違う場合もあります。

最低熟成年数が記載されています。12年以上熟成した原酒が使われているということがわかります。

熟成にはスペインの厳選したシェリーオーク樽を使っているという意味です。

英語が読めなくてもわかる単語を拾っていくだけでそのウイスキーの情報が得られます。

Check!

裏ラベルには……

裏ラベルを読み解くためにもウイスキーにまつわる英単語をいろいろ覚えておくと役に立ちます。

ブルックラディ　ザ・クラシックラディ

ブルックラディ蒸溜所で造られているウイスキーであることがわかります。

SCOTTISH BARLEY とはスコットランドの大麦を使っているという意味。

UNPEATED はピートを一切使っていないということ。ピートが苦手な人は覚えておきたい表記です。

蒸留、熟成、瓶詰めの過程で低温ろ過や着色をしていないと書かれています。

アードベッグ10年

表裏ともに情報が詰まっています。また、正規輸入品は裏ラベルの説明が日本語になっている場合もあります。

ラベルは情報の宝庫

ラベルをよく眺めてみると詳細な情報が載っています。最低熟成年数や蒸溜所名はもちろん、造り方の情報も書かれていることがあります。ウイスキーは英語がわからなくても単語を覚えれば、ラベルから情報が拾えるようになります。

「UNPEATED」は「NON PEATED」とも表記され、ピートを使っていないという意味。「CHILL FILTERED」は低温ろ過という意味なので「NON CHILL FILTERED」「UNCHILL FILTERED」とあれば低温ろ過をしていないということ。また、「NON COLORING」は着色をしていないという意味。製法についての情報が細かく書いてあればあるほど蒸溜所のこだわりを感じます。

エヴァン・ウィリアムス12年

101 PROOF

PROOF（プルーフ）とはアメリカやイギリスでアルコール度数を表す単位。アメリカンプルーフは0.5倍、ブリティッシュプルーフは0.571倍するとアルコール度数になります。画像はアメリカンなので度数50.5%になります。また、バーボンウイスキーの場合、ラベルに必ず「バーボン」の表記があります。アメリカンウイスキーでもバーボンではないものもあるのです。

イチローズモルト&グレーン

World Blended Whisky

世界の原酒を使用しているという意味。以下の英文には「秩父蒸溜所の創設者、肥土伊知郎氏がブレンドしたウイスキー」などの情報が書かれています。Non Chill-Filtered、Non Colored は低温ろ過や着色をしていないという意味。

バランタイン17年

ウイスキー特級

以前ウイスキーは等級表示がされていました。酒税法に基づき、1962年から1989年まで続いた日本独自の制度です。1989年4月に廃止されましたが、この表示があることにより1989年4月以前に製造されたことがわかります。

ザ・マッカラン ダブルカスク12年

DOUBLE CASK

ダブルカスク＝2種類の樽の原酒をヴァッティング（ブレンド）したということがわかります。2つの樽ではなく、2種類の樽という意味。種類が2つですが、たくさんの樽を使用して造られています。

グレンフィディック18年スモールバッチリザーブ

SMALL BATCH RESERVE

スモールバッチリザーブとは少量の樽を合わせたシングルモルトであるということ。厳選された樽をヴァッティングして作られたものです。また、リザーブ＝「とてもよいウイスキーができたから、本当は自分たちで取っておいて飲みたいくらいだ」という意味だという説もあります。

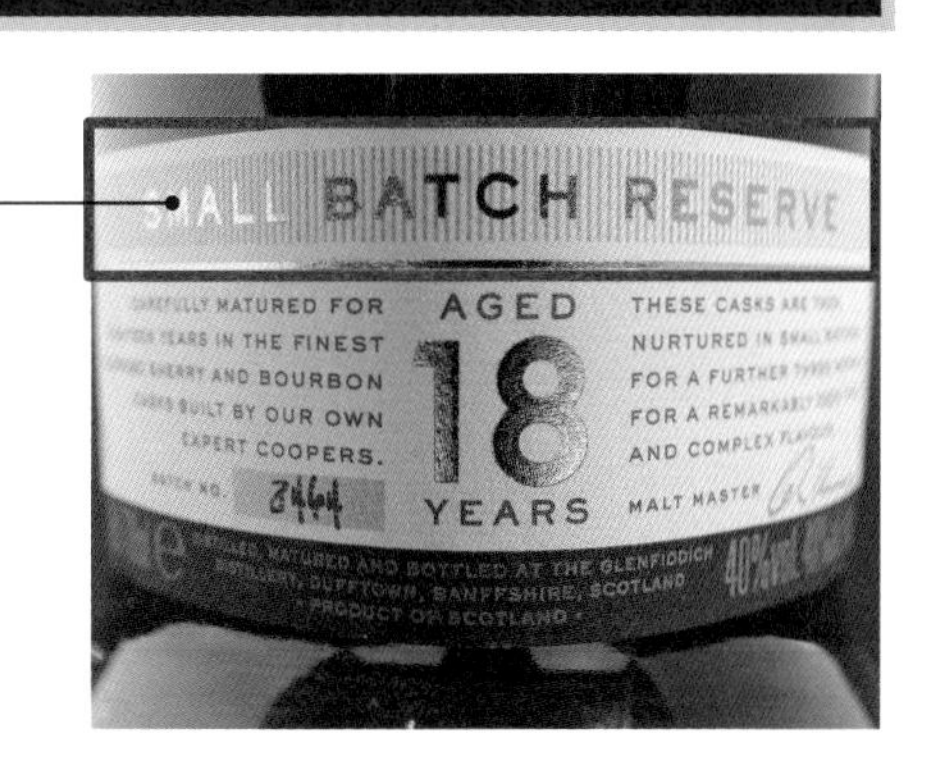

カリラ　1996~2014

DISTILLED 1996 SEPTEMBER
BOTTLED 2014 SEPTEMBER

蒸留したのが1996年9月で瓶詰めしたのが2014年9月という意味。瓶詰めした年から蒸留した年を引くことで、約18年間樽で熟成されたということがわかります。452 BOTTLESというのは452本のボトルが存在するという意味。

Column

ウイスキーのデザイン変更と
リニューアルの謎

ウイスキーはときどきリニューアルします。ラベルが変わったり、瓶の形が変わったり、味が変わったり。それはなぜでしょうか？

　定番品のウイスキーはたくさんの樽を使って味を作りあげます。とりわけスタンダードな銘柄は、継続して出していく必要があるので、たくさんの樽を使ったほうが、味を調えやすく長く販売し続けられます。そのため使用していた原酒がなくなってくると、新たなブレンドでリニューアルを行う場合があります。そのタイミングで、デザインを一新することがあるようです。なお、デザインが変わらなくても、ブレンドに使う樽は有限なので、長い年月の間に少しずつ味が変わることも、もちろんあります。

　もうひとつが、若い原酒を多く使うようになったこと。昔、ウイスキーが売れない時代があり、長期熟成原酒を定番品に使うこともありましたが、現在の世界的ウイスキーブームにおいては、長期熟成原酒は長期熟成ウイスキーとして瓶詰めして商品化したほうがよいわけです。ですのでリニューアルをきっかけにブレンドを変更しコストダウンを計る場合もあります。さらには蒸溜所のオーナーや蒸留責任者が変わるなどをきっかけに、ブレンドの内容が変わる場合もあります。スコットランドの蒸溜所の場合、歴史的に何度もオーナーが変わった蒸溜所が少なくありません。オーナーが変われば、新オーナーの下、蒸留設備のリニューアルや製法の見直しも行われる場合もあるので、味も変化してきます（もちろん全てに例外はあります）。このようにリニューアルをする理由はさまざまなのです。

上から「タリスカー」、「グレンフィディック」、「アラン」のリニューアルのビフォーアフター。自分が飲み始めたころのデザインは誰でも思い入れがあるもの。機会があれば飲み比べも楽しいですね。

Part 2

家飲みを楽しもう

ハイボールに最適なウイスキーから家飲み道具、透明氷の作り方まで

初心者向け

ウイスキーをいろいろな飲み方で飲んでみる

ストレート

ウイスキー本来の味を味わえるのがストレート

1

ウイスキーをメジャーカップで量って入れる

メジャーカップで30mℓ量り、グラスに注ぐ。自分で飲むときは適当でもよいが、メジャーカップがあるとお酒の量を制限できるので便利。

30mℓ＝約1オンス（1ショット）

2

加水用の水を用意する

アルコール量を調節するために、加水用に常温の水を用意しておくとよい。容器はどんなものでもよい。

少しずつ加水する楽しみ

加水は一滴ずつくらい、少量から足していく。少しずつ味わいが変わるのが楽しい。最適な味わいまで調節する。

3

チェイサー用の水を用意する

チェイサー（強い酒を飲んだ後に続けて飲む水や炭酸水のこと）を飲みながら、ウイスキーを飲むのがストレートのよい楽しみ方。

トワイスアップ

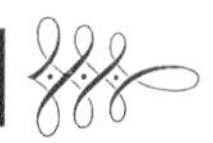

ウイスキーと水を1対1で割って飲むスタイル

1

ウイスキーを注ぎ、同量の水を注ぐ

ストレートのように少しずつ加水しながら飲むのもよいが、最初からトワイスアップにして飲むのもおすすめ。著者の店でもこの注文をされることも多い。

2

チェイサー用の水を用意する

別のグラスにチェイサー用の水を用意する。ウイスキーと同量の水を入れるトワイスアップでも、チェイサーは用意したほうがよい。基本的にハイボール、水割り以外はチェイサーを用意するのがおすすめ（水は常温が一般的）。

加水することでウイスキーの味が開く

トワイスアップにすると、香りが引き立ち、飲みやすくなるうえに、アルコールも薄まってウイスキー本来の味をより感じられます。蒸溜所のブレンダーも味を見る際は、氷を入れずにトワイスアップで味見することが多いようです。加水する際の水は冷やすとウイスキーの香りが閉じてしまうので、常温にして香りを存分に楽しみましょう。

Check!

いいウイスキーはストレートに限る

ウイスキーのおいしい飲み方は人それぞれであり、誤解ではないかもしれません。そこでおいしい飲み方は教えにくいですが、いちばんウイスキーの味のわかる飲み方をお教えしましょう。
ウイスキー1に対して水1、氷は入れません。ブレンダーもウイスキーを口に含む時は、この比率にします。水で薄めると、ストレートの時にはなかった別の香りが立ってくるし、アルコールの刺激が和らいで、味がよくわかるといいます。

余市蒸溜所の貼り紙。トワイスアップで飲むと、ウイスキー本来の味がよくわかるとあります。

ロック（オン・ザ・ロック）

ウイスキーを氷だけで割って飲むスタイル

1

氷を入れる

グラスに氷を入れる。氷はコンビニなどで買えるかち割り氷や、大きめの塊を入れるのが氷が溶けにくくてよい。自宅で簡単に透明氷を作る方法については、58ページを参照。

2

ウイスキーを30mℓ量って入れる

30mℓはあくまで目安量なので、自宅で楽しむ場合は無理のない範囲で自分の好きな量に調節してOKで

3

冷やす

マドラーなどで氷を回転させることによりウイスキーを冷やす。何もせず徐々に冷えて味わいが少しずつ変わるのを楽しむのもよい。

同量の水を加えてハーフロック

ロックだとアルコールがきついという人には、ロックの状態を作ってからウイスキーと同量の水を加える「ハーフロック」が飲みやすく、おすすめ。

水割り

ウイスキーを水と氷で割って飲むスタイル

1

氷を入れる

グラスに氷を入れる。水割りの場合は、300mℓくらい容量のあるグラスを使うと、氷、水、ウイスキー（30mℓ）の比率がちょうどよくなって、見栄えもよくおすすめ。

2

ウイスキーを30mℓ量って入れる

メジャーカップでウイスキーを30mℓ量り、グラスに注ぐ。水割りは水とウイスキーとの割合が大事なので、メジャーカップを使ってちゃんと量るのがおすすめ。

3

ウイスキー1（30mℓ）に対して2.5の水を入れる

ウイスキー1（30mℓ）に対して水2.5の比率くらいを目安にする。濃いと感じる場合、ウイスキー1に対して水3の比率で入れてもよい。水の量は自由なので、自分の好みによって調節を。

1対2.5、1対3がおすすめ

水の量は好みによって自由だが、ウイスキーに対して2.5～3倍くらいの量が美味しく飲めておすすめ。もちろん、3でも濃いと思うならもっと水を足してもOK。

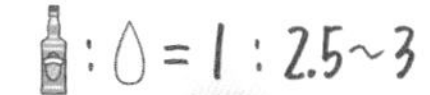

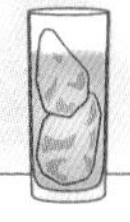

ハイボール

ウイスキーを炭酸水で割って飲むスタイル

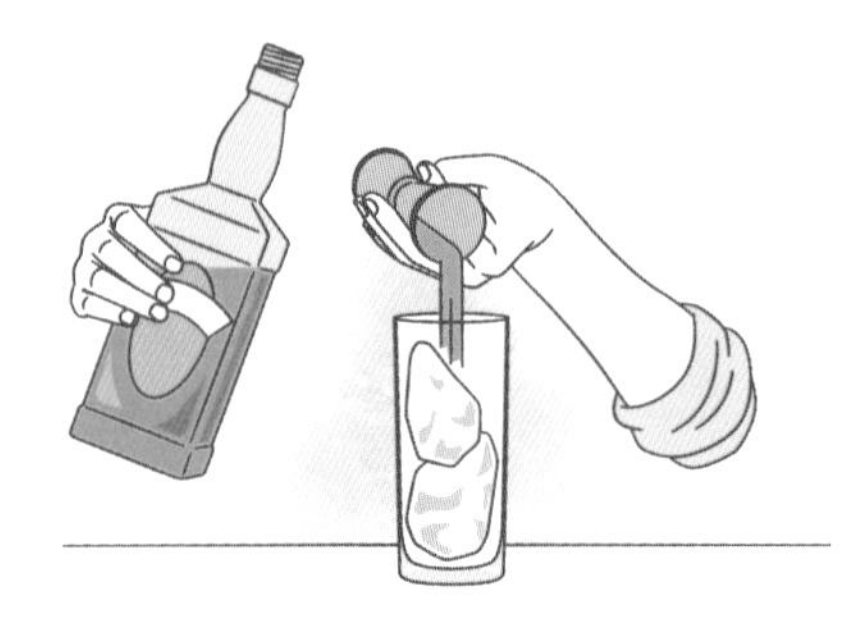

1

氷を入れたグラスにウイスキーを注ぐ

ハイボールも水割りと同様に、300mℓのグラスを使うとできあがり量がちょうどいい。グラスに氷を入れて、ステアしグラスを冷やす。溶けた水を切ったあと、ウイスキーを30mℓ量り、グラスに注ぐ。

2

炭酸水を注ぐ

炭酸を入れる前に一度ステアしウイスキーを冷やす。炭酸水を注ぐときは、氷に当てると炭酸が抜けやすくなってしまうので氷に当てないように、図のように、ゆっくり注ぐのがポイント。

3

混ぜる

ハイボールの場合、炭酸によって自然と混ざるので、マドラーなどで一回程度かき混ぜる、もしくは混ぜなくても OK。

仕上げにウイスキーをフロートさせる

特徴的なフレーバーを持つウイスキーなどを上からスプーンで1杯たらすとよいアクセントに。ピートが好きな人は「ラフロイグ」や「アードベッグ」をたらしたり、また黒胡椒や山椒、ハチミツをトッピングするのも面白いと思います。

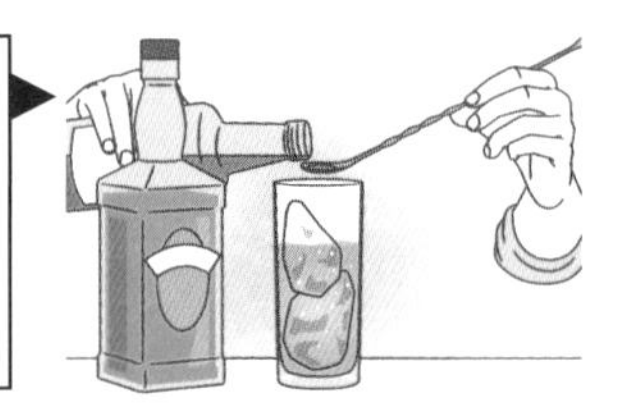

神戸ハイボール

神戸で生まれた氷を使わないハイボール

1

**冷やしたグラスに
冷やしたウイスキーを注ぐ**

冷凍庫にグラスを入れて、キンキンに冷やしておく。同じく冷凍庫で冷やしたウイスキーを注ぐ。

2

冷たい炭酸水を注ぐ

同じくキンキンに冷やした炭酸水をその上から注いで完成。氷が溶けて薄まることがないので最後まで同じ濃さで飲むことができる。

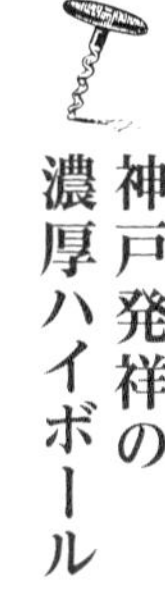

神戸発祥の濃厚ハイボール

「神戸ハイボール」は、その名のとおり兵庫県・神戸市で生まれたそうです。あえて氷は使わず、キンキンに冷えたグラスにウイスキーと炭酸水を注ぐこの飲み方は、古くから神戸の人々に愛されてきました。氷を使っていないため、最後まで味が薄まることがなく、濃厚なウイスキー本来の味を楽しむことができるのが特徴です。また、炭酸も抜けづらいため、刺激も持続します。キンキンに冷えているので、夏には特に美味しくいただけます。

仕上げにレモンピールやオレンジピールを振りかけて香り付けするなど、アレンジも多彩です。

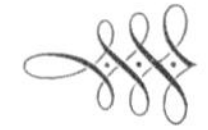  

ミスト

たっぷりのクラッシュアイスで楽しむスタイル

1

クラッシュアイスを作って入れる

クラッシュアイス（かき氷よりも粒の荒い氷）を作る。アイスクラッシャーなどの専用のアイテムを使うか、アイスピックなどで割るとよい。作ったクラッシュアイスは写真のようにグラスにたっぷり入れる。

2

ウイスキーを注ぐ

ウイスキーをメジャーカップで1ショット（30mℓ）量る。ウイスキーの量は好みだが、30 ～ 45mℓ がよい。量ったウイスキーを1の上からゆっくり注ぐ。

3

混ぜる

マドラーを使って、2 ～ 3回程度くるくるとかき混ぜて完成。氷がたっぷり入っているので、すぐにウイスキーが冷える（混ぜなくてもよい）。好みでレモンを搾ったり、ミントの葉をのせても OK。

飲むたびに味が変わる!

ミストはロックと違って、クラッシュアイスを使っているので、氷の溶け方が速く、ひと口飲むたびに味が変わるのが魅力。

ウイスキーフロート

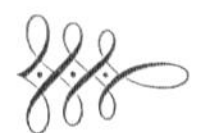

水とウイスキーのきれいな2層が楽しめる

1

水を注ぎ、上から
ウイスキーをたらす

氷を入れたグラスに適当な量の水を入れ、その上からスプーンにのせたウイスキーをたらす。混ぜないでこのまま飲む。飲むたびに少しずつ味が変わっていくのを楽しめる。

2層になってきれい!

層になっているので、少しずつ味が変わっていくのを楽しめる。ウイスキーと水が2層になっているので、見た目も楽しめる。

ホットウイスキー

お湯で割る温かいウイスキー

1

耐熱グラスに
ウイスキーとお湯を注ぐ

耐熱グラスを用意して、ウイスキーを30mℓ入れる。その上から熱いお湯を注いで完成。混ぜる必要はない。グラスにお湯を注いだ後にウイスキーを注いでも OK。

10選

自宅ハイボールのためのウイスキー選び！うんちく抜きで高速紹介

いろいろ試せば好みもわかる

自宅ハイボールにおすすめの、気軽に試せる定番ウイスキーを紹介します。迷ったらここから選んでもよいですし、ひと通り飲んでみてもいいでしょう。

まずはスコッチの販売数量世界一の「ジョニーウォーカー」。レッドラベルとブラックラベルがハイボール用としてもとても人気があります。「デュワーズ」は諸説ありますが、ハイボールの起源ともいわれている銘柄。「バランタイン」はバランスのよさで人気があります。

1000〜2000円台に数種類のラインナップがあるのも魅力です。「ティーチャーズ」はスモーキーなブレンデッドスコッチ。場所によっては1000円以下で手に入ることも。日本で一番売れているスコッチが「ホワイトホース」。こちらも1000円を切った価格で売られていることもあります。

定番からチャレンジまで試す価値あり

ここからはブレンデッドスコッチ以外のものをご紹介します。

定番中の定番が「サントリー角瓶」。ハイボールブームの火付け役。

大人気なのが「フロム・ザ・バレル」。度数が高いので、同じ分量でハイボールを作れば、炭酸の刺激はそのままに、濃いハイボールを作ることができます。「セッション」はモルト原酒のみで造られたブレンデッドモルト。バランスもよくシングルモルトの入り口としてもおすすめです。

一方、「知多」はグレーンウイスキー。ハーフボトルやミニボトルから試してみてもよいかもしれません。

最後はバーボンウイスキーの「I.W.ハーパー」。昔からこのウイスキーのハイボールはハーパーソーダとして親しまれています。バーボン入門にぴったりです。

著者おすすめの定番10選

ジョニーウォーカー レッドラベル

ジョニーウォーカーの中でも最も低価格ながら長い歴史があり愛されてきた銘柄。現在ではハイボール人気により大人気の銘柄に。微かなピート香のバランスも抜群。

デュワーズ

ハイボールの起源ともいわれる銘柄。5種をハイボールで飲み比べたページも参考に（153ページ参照）。安いものであれば1000円台前半で購入でき、リーズナブルです。

バランタイン シリーズ

どこにでも売っている入手のしやすさとバランスのよさで人気があります。ラインナップも豊富で低価格帯だけでも数種類選べるのが魅力的。スコッチ世界2位の販売数量を誇る銘柄です。

ティーチャーズ ハイランドクリーム

他のブレンデッドスコッチに比べてピート由来のスモーキーさが強く、スモーキーウイスキーの入門編としてぴったりです。一度ハマるとやみつきになる味わいです。

ホワイトホース ファインオールド

ホワイトホースの缶ハイボールも出ていますが、これが好きという人には特におすすめ。自分で作れば濃さも自由に変えられます。飲み比べページも参考に(152ページ参照)。

サントリー角瓶

言わずと知れたハイボールブームの火付け役。ハイボールといえばこの味を思い浮かべる方も多いはず。4Lや5Lなどの大容量のものもあり家飲みの強い味方(5Lはレモンフレーバー入り)。

フロム・ザ・バレル

ネットなどに適正価格で販売されると、あっという間に売れてしまうほどの人気銘柄。アルコール度数が高く飲みごたえ抜群。紹介ページも参考に(133ページ参照)。

ニッカ セッション

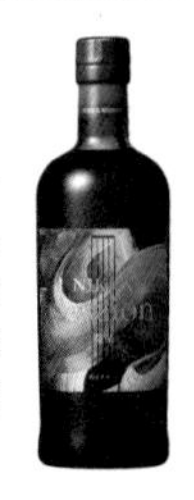

2020年発売。ニッカウヰスキーのブレンデッドモルトウイスキー。ニッカが所有する3つの蒸溜所のモルト原酒とその他複数のスコットランドのモルト原酒をブレンドしています。

知多

トウモロコシなどの穀物を使って造られている、知多蒸溜所のシングルグレーンウイスキー。350㎖のハーフボトルや180㎖のミニボトルから試してみるのもおすすめです。

I.W.ハーパー ゴールドメダル

I.W.ハーパーのソーダ割りは古くからハーパーソーダの名前で大人気です。クセも少なくI.W.ハーパーからバーボンを飲み始めていく方も多いようです。

CROSSROAD LABの視聴者の皆様からの
アンケートを集計。そのコメントで作成しました。

3000人が選ぶ ハイボールに最適なウイスキー

 1位 フロム・ザ・バレル [794票]

視聴者コメント

- 濃いハイボールを飲みたいときに飲んでいます。いつも売っているわけじゃないので常に2本はストックしてないと安心して飲めないのがたまにキズ（笑）。
- モルトの香ばしく甘い香りと味わいがハイボールにしたときにもしっかり感じられてとても美味しいです。
- 炭酸に負けないしっかりとした味わい。ブレンデットウイスキーのハイボールをいろいろ飲んできた人たちが最終的に飲みたくなるのはこれじゃないかと思います。
- 炭酸で割っても薄くなりすぎず、アルコール感とビター感をしっかりと味わうことができるのがよい。
- ハイボールでの完成度はラスボスクラス。まったりハイボールの定番です。

DATA
51%／500ml／ニッカウヰスキー

マスターから一言!

すさまじい人気で、ネット市場に適正価格で出た日には一瞬で売り切れてしまうほど。500㎖なので700㎖に直すと決して激安ではありませんが、それでも1位なのは味が人気の証拠ですね。

 2位 タリスカー10年 [714票]

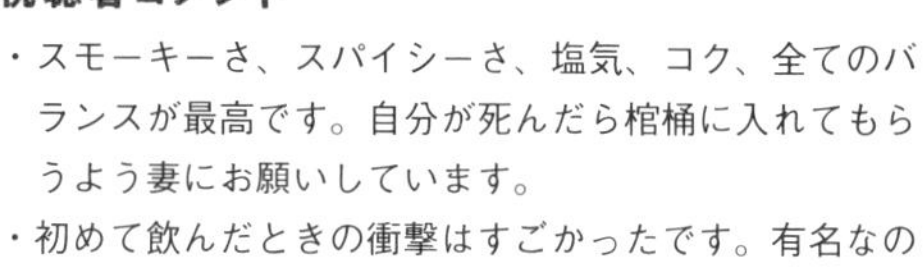

視聴者コメント

- スモーキーさ、スパイシーさ、塩気、コク、全てのバランスが最高です。自分が死んだら棺桶に入れてもらうよう妻にお願いしています。
- 初めて飲んだときの衝撃はすごかったです。有名なのは知っていましたが、半信半疑でワクワクしながら飲んだことを今でも覚えています。スパイシーな味わいからの濃厚な甘みと若干の潮感、少しもったいないなと思いつつ気づいたらハイボールにしてしまうボトルです。
- クセになるピート感がたまらなく好き。個人的にはハイボールでもオン・ザ・ロックでも定期的に飲みたくなるので常時ストックしています。
- スパイシーアンドスモーキーの最高峰。

DATA
45.8%／700ml／タリスカー・ディスティラリー／MHD モエ ヘネシー　ディアジオ

マスターから一言!

クセのあるタイプのシングルモルトなのに2位は素晴らしい！　メーカーが提案している、黒コショウをハイボールに振りかけるスパイシーハイボールも人気です。家でできるキャッチーさがよいですね。

※アンケートは①現行品に限る、②約4000円以下で買えるもの、③アメリカンウイスキーは除外という条件で募集しました。

5位 ジョニーウォーカー ブラックラベル 12年
[346票]

視聴者コメント

- スモーキーでありながら、ほんのりヨード香も感じられ、安定して美味しい。ウイスキーに飲み慣れたら手にしておきたい1本。
- ウイスキーの全てが詰まったような味です。これをハイボールにしちゃえば間違いない。
- スモーキーさのバランスがよく、口に残るビター感も好きです。

マスターから一言!

ジョニーウォーカーの二大巨頭、まさに超定番のブレンデッドスコッチです。

DATA
40%／700ml／ディアジオ／キリンビール

3位 ブラックニッカ ディープブレンド
[510票]

視聴者コメント

- 樽感と控えめなピート感が値段以上の価値を生み出しています。
- ニッカさん、ありがとうと言いたいボトルです。
- コスパ最高で気軽に美味しく飲めるディープブランドは、宅飲みには欠かせません！
- 1000円台前半では他の追随を許しません。変えの利かないデイリーウイスキー。

マスターから一言!

アルコール度数が45%と高いため、少し濃い味のハイボールが好きな人にもおすすめ！

DATA
45%／700ml／ニッカウヰスキー

6位 デュワーズ ホワイト・ラベル
[328票]

視聴者コメント

- ガンガン飲めます。
- コスパ最強で、冷凍庫に常備しています。
- ハイボールだとさわやかで、ほのかに香るスモーキーな味わいが◎。コスパと入手のしやすさから、ついついリピートしてしまう定番中の1本です。冷凍庫でキンキンに冷やしてから作るハイボールが至福を感じさせてくれます。

マスターから一言!

バランタインやシーバスリーガルなどの定番品を抑えての6位。素晴らしい！

DATA
40%／700ml／ジョンデュワー＆サンズ／バカルディ ジャパン

4位 ティーチャーズ ハイランドクリーム
[354票]

視聴者コメント

- 1000円前後とは思えないほどしっかりとスモーキーさを感じて美味しいです。
- コスパが最高。低価格帯でもスモーキーさを感じられて、たくさん飲んでも罪悪感がありません（笑）
- ハイボールにしてもまったく消えない個性。コスパ最強で、家に1本もないと不安になってその日のうちに買いに行ってしまいます。

マスターから一言!

さまざまな原酒がブレンドされている歴史ある銘柄。超格安なのにスモーキーでうまい！

DATA
40%／700ml／サントリー

9位 サントリー角瓶 [254票]

視聴者コメント

- ストレートやロックなどではピンと来ないがハイボールにすると途端に化ける、ハイボールのために造られたようなウイスキー。
- 言わずと知れたハイボールブームの火付け役という先入観もあってか、ハイボールで美味しいウイスキーの代表格のように思います。
- これを選べばまず間違いないという安心感すらあります。

DATA
40%／700ml／サントリー

マスターから一言!
角瓶からウイスキーにハマる人も多く、日本では圧倒的な販売数量を誇ります。

7位 グレンモーレンジィ オリジナル [268票]

視聴者コメント

- その華やかな香りに衝撃を受けて以来、ずっとお気に入りの１本です。
- さわやかな柑橘の香りと華やかな樽香が最高です。
- ウイスキーを好きになるきっかけとなった銘柄です。フルーティーな味わいとライトな飲みごたえで、ついつい飲みすぎます。
- 個人的ウイスキー沼への入り口でした。

DATA
40％／700ml／グレンモーレンジィ・ディスティラリー／MHD モエ ヘネシー ディアジオ

マスターから一言!
バーボン樽主体のノンピートなので、スモーキーなタイプが苦手な人に好まれます。

10位 ボウモア12年 [244票]

視聴者コメント

- ほどよいスモーキーさに、潮の香りやシェリー由来の甘みのバランスが絶妙。ハイボールにすることで、それらの香りが炭酸の泡とともにはじけて口の中に幸せが広がります。
- ピーティーなハイボールが飲みたいときに、華やかな甘さも感じられるため抜群に美味しいです。

DATA
40 ％ ／ 700ml ／ボウモア ディスティラリー／サントリー

マスターから一言!
ピート由来のスモーキーさを感じられる、アイラ島を代表する銘柄のひとつです。

8位 アラン10年 [255票]

視聴者コメント

- どんなバランスで作っても美味しいので、ふと気がつくと飲んでます。何本常備してあっても足りません。濃く作りすぎても、余韻で抜けるアルコール臭の不快感が全然なくて感動を覚えます。薄めに作ったとしてもジューシーで濃厚で美味しいです。
- 泡の一粒一粒からアランの果実感が広がります。

DATA
46%／700ml／アラン蒸溜所／ウイスク・イー

マスターから一言!
アルコール度数が高く、ハイボールにしても個性がしっかりと残ります。

21位 ジョニーウォーカー レッドラベル
[141票]
ハイボールにしたときのピート香とアルコール臭のバランスが強く感じていいです。／ハイボールにするならすっきり飲めて美味しいと思います。

22位 バランタインファイネスト
[134票]
ウイスキーが苦手だった私がウイスキー沼にハマるきっかけになった1本です。／ハイボールにしても軽すぎずしっかりした味を感じられます。

23位 ジョニーウォーカー ブラックラベル 12年 スペイサイドオリジン
[120票]
飲み方を選ばず、ハイボールにしても絶品だと思います。／弾ける炭酸に乗ってとても心地よい香りが感じられるところが好きです。

24位 モンキーショルダー
[112票]
ストレートでもロックでもハイボールでも美味しいのに手軽に買えるのでありがたい1本ではないでしょうか。／甘くフルーティーで飲みやすい。

25位 フェイマスグラウス
[107票]
濃さや温度、自身の体調によって毎回違う顔を見せてくれます。／低価格帯ながらしっかりとしたシェリー感と甘みがあり、濃厚で最高です！

26位 グレングラント アルボラリス
[104票]
コスパがよく、ハイボールにするために生まれたような1本だと思っています。／ウイスキー歴の長さにかかわらず好まれると思います。

27位 カティサーク
[103票]
ハイボールの飲みやすさとコスパはすさまじいです。／遠慮なくハイボールにできる満足度の高いデイリーウイスキーです。

28位 バランタイン 12年
[102票]
手頃な値段の割にしっかりとした甘さや香りがあり、申し分なく楽しめます。／コスパ重視でバランスタイプ。バーでの1杯目に最適です。

29位 シーバスリーガル 12年
[91票]
どう飲んでも美味しいのですが、甘くさわやかに飲みたいときに最高です。／さわやかなリンゴ感が心地よく、思わずがぶがぶ飲んでしまう味です。

30位 ホワイトホース 12年
[84票]
ラガヴーリン由来のアイラピート感を存分に楽しめます。／2000円台とは思えないクオリティ。一生飲み続けたいボトルです。

11位 シーバスリーガル ミズナラ 12年
[228票]
口に入れた瞬間から広がる華やかさとフルーティーな味わいが印象的です。／甘めのハイボールが飲みたいときによく飲む銘柄です。

12位 グレンフィディック 12年
[212票]
さっぱりとした風味が炭酸で広がる感じが好きで常飲しています。／ウィスキーのフルーティーさとは何かを感じられました。

13位 サントリースペシャルリザーブ
[209票]
白州がなかなか手に入りづらい中で、白州ハイボールのような味わいが楽しめます。／ほどよいフレッシュ感とコクのバランスが好きです。

14位 デュワーズ 8年 カリビアンスムース
[200票]
ラムの甘さとわずかなスモーキーさがBBQに最高に合います。／後味に黒糖のようなコクを感じられてとても気に入っています。

15位 ザ・グレンリベット 12年
[188票]
圧倒的な飲みやすさで、気づいたら飲み終わっています。／ノンピートで口あたりもなめらか。飽きが来ない1本です。

16位 デュワーズ 12年
[180票]
とにかく料理との相性が最高。どんな食事にも合わせられます。／炭酸に負けないフルーティーさで、自分の中でベストハイボール！

17位 ジェムソン
[172票]
公式のライムを絞り入れるレシピが夏に最適です。／甘さと軽快なタッチは夏場に冷凍ハイボールにしてグビグビ飲むと美味しいです。

18位 ブラックニッカ　スペシャル
[165票]
ディープブレンドも好きですが、こちらのほうが甘さとビター感のバランスがいい。／香り、甘さ、キレ全てが高次元でとにかく万能で優等生！

19位 イチローズ　モルト & グレーン
[161票]
イチローズモルトはグレーン感が強く食事などに合います。／香りが好きで、食事にも合うので買っても買ってもすぐになくなります。

20位 ホワイトホース ファインオールド
[142票]
コストを気にせずガブガブ飲めます（笑）。／定番のストレートもいいけど、ハイボールで飲んだときのさわやかな感じが好きです。

濃ハイボールの秘密と5000円以下の濃ウイスキー5選を紹介！

フロム・ザ・バレル

現在大人気のニッカウヰスキーのブレンデッドウイスキー。特にロックやハイボールでの人気が高い。まさに濃い味ハイボールの定番品。51%／500ml／ニッカウヰスキー

カティサーク プロヒビション

アメリカンオーク樽で熟成されたモルト原酒とグレーンウイスキーをブレンド。クリーミーな麦芽の甘味とスパイシーさが特徴。
50%／700ml／グレンターナー／バカルディ ジャパン

アルコール度数が高いと味が濃い？

アルコール度数の高いウイスキーを使うと、炭酸の刺激はそのままに、味だけ濃いハイボールを作ることができます。

その理由をお話しします。まず、強炭酸をそのまま飲んだときの刺激を100とします。アルコール度数40%のウイスキーで1対3で作ると、刺激は75になるとします。これで味が薄いなと思ったらウイスキーを足すので炭酸の量が少なくなります。極端な話ですが、ウイスキーと炭酸水を1対1で作ったら、刺激は50になってしまいます。

ですが、アルコール度数50%のウイスキーで1対3のハイボールを作れば、刺激75のまま、濃いハイボールが完成します。そしてちょっと味が濃いなと思ったら、ウイスキーの量を減らせば、炭酸の刺激がより強くなるというわけです。

昔のウイスキーがおいしかった理由

現在、ハイボールによく使われる定番のブレンデッドスコッチウイスキーのアルコール度数はだいたい40%。よく「昔のブレンデッドスコッチは美味しかった」と言う方が

アイリーク カスクストレングス

蒸溜所非公開のアイラシングルモルト。アイリークはイーラッハとも読め、アイラ島民という意味。58％／700ml／ザ・ハイランズ＆アイランズスコッチカンパニー／参考品

フィンラガン カスクストレングス

蒸溜所は非公開ですが、中身はアイラ島の蒸溜所。若い原酒だとは思いますが、オフィシャルに比べ安価。58％／700ml／ザ・ヴィンテージ・モルトウイスキー・カンパニー／参考品

ワイルドターキー 8年

「8年」は日本限定品。マッシュビルは公開されていませんが、トウモロコシの使用量が少なく、スパイシー。50.5％／700ml／ワイルドターキー蒸留所／CT スピリッツジャパン

いらっしゃいますが、この理由のひとつがアルコール度数なのではと思います。20〜30年前のウイスキーの度数は現在より高いものが多く、味が濃かったのです。その濃さゆえ、美味しかったという思い出に繋がっているのではないでしょうか（世界的なウイスキー不況の時代は原酒が余り、長期熟成の原酒をふんだんに使っていたという面もあります）。

なお、日本も同じで、たとえば「サントリー角瓶」も今は40％ですが以前は43％でした。

では、アルコール度数が高く、5000円以下のウイスキーを紹介しましょう。

おすすめの濃ウイスキー

まず「フロム・ザ・バレル」。ハイボール人気により品薄ですがこの人気の秘訣は濃い味ハイボールだからこそなのではないでしょうか。「カティサークプロヒビション」。3000円台前半とお手頃です。アルコール度数が50％もあり、濃厚なブレンデッドのハイボールが作れます。

「アイリークカスクストレングス」はカスクストレングスなのでアルコール度数が58％もあります。スモーキーなアイラシングルモルトで、かなり濃厚です。「フィンラガンカスクストレングス」もカスクストレングスなので、アルコール度数は58％。蒸溜所は非公開ですが、アイラ島の蒸溜所というのは公開されています。最後は「ワイルドターキー 8年」。古くから人気のバーボンの定番です。4000円以下で度数は50・5％。実はこの「8年」、日本限定で、パンチの効いた、通好みな味わいです。

初心者必見！家飲み道具を一挙紹介！

どんな飲み方でも必須のアイテム、メジャーカップ

バーなどに行くだけでなく、家飲みが充実するような道具を揃えてみるのはいかがでしょうか。

揃える道具は、自分が普段どんな飲み方をするのかで変わりますが、どんな飲み方でもあると便利なのがメジャーカップです。カップの内側に容量が細かく刻まれているものが特におすすめです。分量を量らず、適当に注いで飲むのもいいですが、割って飲む水割りやハイボールでは分量を量って飲むというのが意外と大事です。というのも、ある程度同じ比率で割ったほうが他のウイスキーとの比較がしやすいのです。特に初めて飲むような1本は、分量を量って飲むことをおすすめします。また「フロム・ザ・バレル」のような普通にグラスに注ぐとこぼしやすい瓶は、メジャーカップを使うとこぼさず注げるので「フロム・ザ・バレル」好きにもおすすめですね。

次に、これもどの飲み方でもおすすめなのが加水用のミルクピッチャーと、チェイサー用のグラスです。水を入れるだけなのでペットボトルの水をそのまま使っている人もいるでしょうが、ミルクピッチャーとグラスに変えるだけで一気に雰囲気が出ます。雰囲気があるとそれだけで感じる味も変わったりします。使うグラスも同じで、プラスチックのコップよりもクリスタルのグラスのほうが雰囲気が出て、ウイスキーがより美味しく感じられるはず。

雰囲気を作ることはお酒の味を左右する

雰囲気の話でいえば、ウイスキーの保管場所についてもこだわりたいところですね。床に直置きという方もいるでしょうが、やはり専用の棚があったほうが見栄えもよいですし、

（右から）メジャーカップ…注ぐ液体の量を量る道具。ミルクピッチャー…少しずつ加水する用に最適なサイズ。チェイサー用グラス…クリスタル製だと高級感が増しさらに雰囲気が出ます。ピッチャー…750mℓ～1.5Lくらいの容量がよい。アイスペール…ステンレス製で二重構造になっているため、氷が溶けづらい。

綺麗に並んだウイスキーを眺めながら飲むのは最高のつまみになります。

見栄えの面だけでなく、ガラス棚にUVフィルムを貼るなどすれば、紫外線から守ることもできます。ウイスキーの品質を維持するには適度な室温と直射日光に当てないことが大事です。

プラスαで持っておくと安心なのが「ウイスキー救出セット」。これは抜こうとしたコルクが途中で折れてしまったときに使うアイテムです。コルクを抜くためのソムリエナイフやまち針、コルクの破片がウイスキーの中に落ちてしまったときに濾過するための茶こし、ボトルに戻すためのじょうごは、コルクが折れてしまったら最低限必要です。１００円均一のものでよいので、準備しておくといざというときに助かります。

初心者におすすめのテイスティンググラス

グレンケアン　ブレンダーズモルトグラス

テイスティンググラスの定番品で、比較的安価で購入することができます。背が低く、重心がしっかりしているため、倒しても割れにくいです。脚がないため、底を持って飲むと、ウイスキーに手の熱が伝わりやすく、香りが立ちやすいです。

リーデル　ヴィノムコニャック　シングルモルトウイスキー

（右）ヴィノムコニャック。グラスの上部に返し部分があることで、舌の中央にウイスキーが入ることによりアルコールの刺激を感じにくい。（左）シングルモルトウイスキー。ボウル部分に香りがたまらないので、香りが強いものを飲むのに適しています。

形状やデザインで好きなグラスを選ぼう

テイスティンググラスは、ウイスキーなどをストレートで飲むグラスです。飲むウイスキーによってグラスを変えるなど、いろいろな種類のグラスがあるとウイスキーをより楽しめます。注意してほしいのが、プロのブレンダーの使うものや品評会で使われているようなテイスティンググラスはあまり参考にしなくてもよいという点です。ブレンダーなどは「同じ環境で比較する」ことを重視しているため、「美味しく飲む」のは二の次。個人で使うグラスは、自

❶ ツヴィーゼル バースペシャル

ドイツの老舗クリスタルブランド。口径に対してボウル部分も小さめで、香りはたまりにくい。もともと香り立ちが強いウイスキーにもおすすめです。

❷ ツヴィーゼル バースペシャル ノージングウイスキー

脚がないタイプ。表面積が広く、ボウルが大きめの形状で、ずっしりしています。少しくらい倒れてもウイスキーはこぼれないので、安心。

❸ シュピゲラウ オーセンティス・デジスティヴ

ビールグラスで有名な名門グラスメーカー。上質で薄いグラスを作り出す吹きガラス製法によって、鉛を含まず軽量かつ耐久性に優れたグラスに。

❹ シュトルツル ウイスキー

ガラス生産で500年の歴史を持つメーカー。カリクリスタル製で表面積が広く、しっかりした安定感。脚がついているので手の熱が伝わりにくい。

❺ ロナ パレンカモルト ウイスキー

スロバキアのガラスメーカー。カリクリスタル製。グレンケアンと見た目はほぼ似ていますが、ごく短い脚があります。飲み口が薄く、軽いため口当たりがいい。

❻ アデリア ルイジボルミオリ スニフター

ソニッククリスタルというガラスで、鉛含有クリスタルと同等の輝きを持ちます。自動洗浄機のテストを4000回以上クリアした耐久性を誇ります。

分がピンときたものを自由に選ぶのがいいと思います。

おすすめなのは、クリスタル製のグラスです。ソーダガラスより輝きがよく高級感があります。一番有名なのはグレンケアンの「ブレンダーズモルトグラス」。鉛の代わりに酸化カリウムを使用した「カリクリスタル製」で、クリスタルと同等の輝きを持ちながら通常のクリスタルより割れにくく軽いというメリットがあります。シュピゲラウ社のグラスやロナの「パレンカモルトウイスキー」も、同じカリクリスタル製です。上でテイスティンググラスを紹介しているので、参考にしてみてください。また飲み口の薄さは口当たりがよくなることや、脚の長いグラスは酔うと倒しやすいので倒してこぼす心配がある人は脚の短いグラスを選ぶなど、使い勝手も考えて選びましょう。

初心者向け

家飲み用ロックグラスを選んでみよう！

氷の大きさでグラスを選ぶ

かち割り氷より雰囲気の出る塊の氷は、包丁などで削ったり丸氷メーカーを利用したりして作ることができます。氷のデザインや大きさがフィットするグラスを選ぶことから始めてみるのもよいでしょう。

雰囲気を重視するならクリスタルグラスが◎

ロックグラスは好みで選んでもいいですが、使う氷の大きさによってグラスに合う、合わないがあるのでその部分だけ注意しましょう。

口径の違いを確認

氷が入るか、入らないかはグラスの口径の大きさによって決まります。グラス同士の口径を比べてみて、氷が入るかどうかを判断してみましょう。

ラグジュアリーな気分でウイスキーを飲みたいときはやはりクリスタルグラスがおすすめ。ただ高級感や輝きは素晴らしいのですが、クリスタルグラスは脆いのが難点。例えば、後で洗おうとシンクに置いたままにしておいて上から他のグラスを当ててしまうと、すぐに割れてしまいます。安いものではないので、適切に管理できるか考えてから買うことをおすすめします。

ちなみに、クリスタルグラスが割れてしまってもヤスリで削って小物入れにしたり、カットして小さなグラスにするなどの活用方法もあるので怖がらずに買ってみては。

Column

グラスの水垢を簡単に除去！あなたのグラスの輝きが戻る

ちゃんと洗っているのにいつのまにか大事なグラスの手触りがザラザラ……なんてことありませんか？これは**グラスにこびりついた水垢**が原因です。一見綺麗なようでも、蛍光灯にかざすとよくわかります。

グラスにつく水垢はカビではなく、**水に含まれるカルシウム、マグネシウムなどのミネラルが水が乾くことでこびりついてしまう**のが原因。つまり、ウイスキーを飲んだ後に水でゆすいだ状態でシンクに置いたままにしたり、洗ってから自然乾燥させたりするのが原因です。水垢は台所用漂白剤に浸けたり、クエン酸などを使ったりすることで落ちる場合もありますが、何層にも重なった頑固な汚れはなかなか落ちません。また、鉛の入っているクリスタルグラスに酸性のものを使うとくすみの原因になるのでご注意を。

そんな水垢を綺麗に落とす方法をご紹介。やり方はとても簡単で、**重曹に水を少量。それをラップにつけ、グラスを磨くだけ**。それだけでかなり綺麗になり、手触りも違います。

水垢の対処方法としては、濡れた状態で放置しないことが一番なので完全に水の中に浸しておくのも手です。定期的ににチェックしてこまめに磨くようにしましょう。

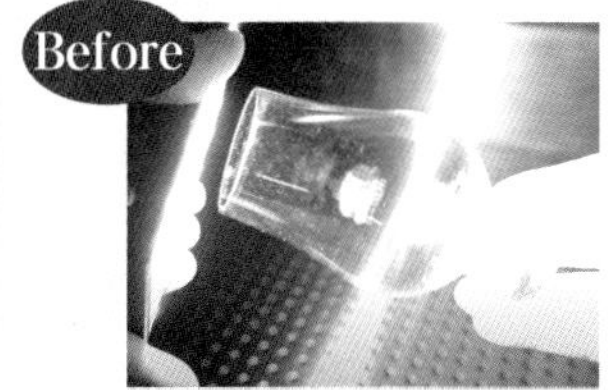

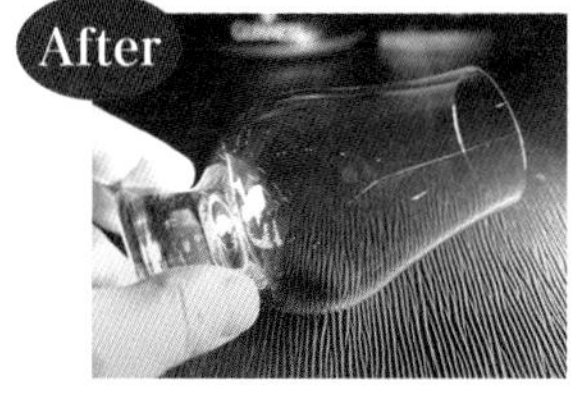

材料

重曹…適量（スプーン１～２杯程度）、水…適量、ラップ、小さめの器、ゴム手袋

❶ 重曹をスプーン１～２杯程度とって、器に入れる。水を少しだけ入れる。

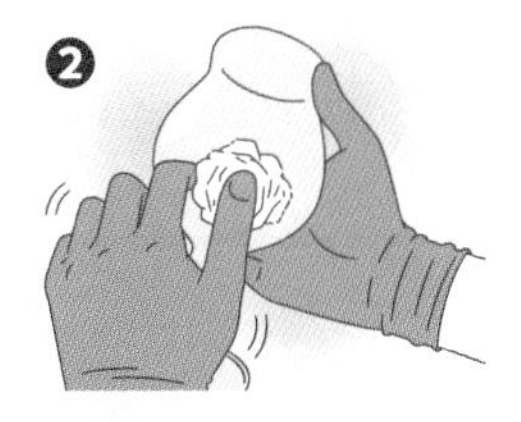

❷ カットしたラップを丸めて、重曹水につけ、グラスを磨く。中を磨くときは優しく。

【真実は？】ウイスキーはどうやって保存するのがよいのか？

真実は？ ウイスキーの保管方法

ウイスキーの保存方法については、昔から今までいろいろな説があって結局のところ「真実はわからない」のが現状です。

一度開封したウイスキーのボトルを長期保存するためのグッズさまざまなものがあるが、環境によっても効果はさまざま。気休め程度に使用するのがおすすめ。

たとえば、18世紀の有名な科学者、ルイ・パスツールは「コルクは呼吸している」と言いましたが、コルクが空気を通すか否かという説に対しては今でも肯定派と否定派がいます。コルクの品質によって空気が通る量が違う、空気を通したとしても瓶の中の気圧の変化がなければ空気は行き来しないなどの意見もあり、コルクによってウイスキーの品質に影響が出るかどうかは、いまだにはっきりとはわかっていません。

ただ、わからないことばかりではなく、これをすると明らかに品質が落ちてしまうということもあるので、ウイスキーを保存するうえで最低限の注意点を次の項目で説明します。

最低限気をつけるのは紫外線と保管場所の室温

ウイスキーの保管で気をつけたいこと、それはまずは紫外線です。1994年の日本包装学会の研究によると、ウイスキーを夏場2週間屋外に放置したところ、成分にさほど変化はありませんが、1週間経った頃には色が薄くなり日光臭と呼ばれる臭いがして香りが大幅に低下したそうです。このことからウイスキーは直射日光が当たる場所や、気温の高いところで保管すると品質が落ちるということがわかります。また、

極端に暑いところに置くと、瓶内の空気が膨張して漏れるという物理的な問題もあります。保管場所の室温と直射日光には十分注意して、日光の当たらない冷暗所で保管することをおすすめします。

と、ここまでウイスキーの保管方法で最低限注意することを挙げましたが、結局のところわかっていないことも多いので、あまり細かいことは考えず楽しんで飲むほうがいいと思います。ウイスキーが余ったら友達に振舞ってそのウイスキーを一緒に飲む時間を共有する。こちらのほうが保存方法を考えるより、よっぽど有意義な時間になるのではないかなと思います。

ウイスキーの保存これをやってはいけない

紫外線を当てる

長い時間、直射日光が当たると、明らかに品質の変化が起こります。部屋に日光が入る人は窓や棚にUVフィルムを貼るなどの対策も効果的。

気温の高い場所に置く

ウイスキーを保存する際の適温は15～20℃前後と言われています。気温の高いところに置くと、品質が落ちるうえにまれに瓶内の空気が膨張して破損し、中身がこぼれることも。

温度変化が激しい場所に置く

寒いところから暑いところに頻繁に移動させるなどして温度変化が著しい場合、瓶内で液面低下が起こってウイスキーの品質が落ちる可能性があります。

ウヰスキーは立てて保存

ウイスキーは高アルコールなため、寝かせて保存するとアルコールによりコルクが劣化していきます。また、スクリューキャップのものでも中に使われる素材が劣化する場合があります。

ウイスキーの長期保存グッズ

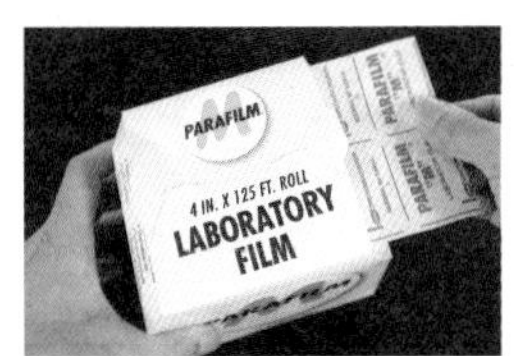

パラフィルム

実験室で主に使用されているフィルム。ウイスキーのキャップ周りに巻くと液面低下を防いだり酸化を防いだりしてくれます。

パラフィルムの使い方

スクリューキャップ

2cm程にカットし、スクリューキャップを締める方向にキャップの下から巻きます。

コルク栓

2cmくらいにカットし、巻く方向はこだわらずにコルクの下から上へ巻きます。

プライベートプリザーブ

元はワイン用。開封済みのボトル内に不活性ガスを入れることで、酸素を含んだ空気を瓶から追い出します。

自宅で簡単に透明氷を作る方法

透明氷ができる原理

綺麗な氷を作るための仕組みを知ろう

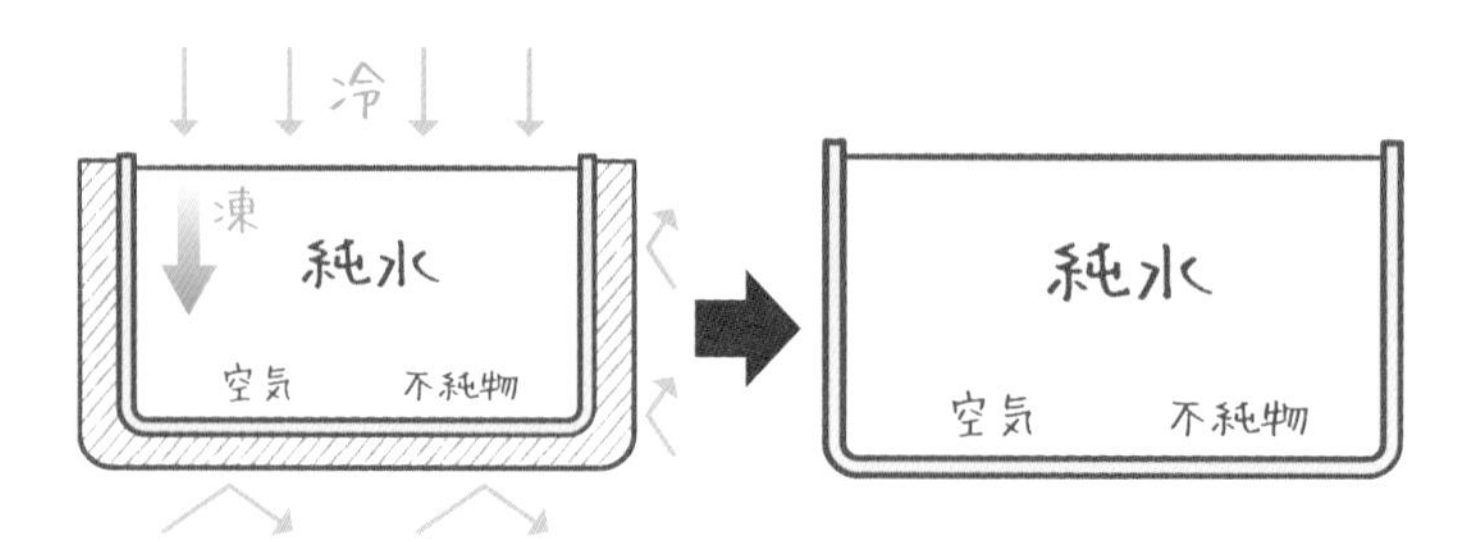

水は不純物から凍るので周りから固まらないよう断熱材を使って冷気を受けないようにし、上の純水から順に凍るようにする。

綺麗な純水の部分から凍っていくことにより下に不純物がたまり、簡単に切り離せる状態に。

準備するもの　その他バースプーン、アイスピック、包丁も必要。

段ボールに断熱材を敷いて作った箱。下から冷気を受けないよう下にも断熱材を貼る。

冷凍庫に入る大きさのプラスチック容器。ある程度の強度と深さがあれば、どんなものでもいい。

たくさん作って保存しておけば使い勝手抜群！

ロックやハイボールで飲むには、欠かせない氷。かち割り氷でもいいのですが、バーなどで見る透明氷を自分で作れたら家飲みがさらに楽しく、美味しくいただけます。

ここでは、四角いブロック氷の基本的な作り方から、ブロック氷を使ってダイヤモンド氷、丸氷を作る方法を紹介しています。もちろん、ただ大きな氷を作って適当に割って保存するだけでもかまいません。氷を買いに行く手間や氷代の節約にもなるので、是非作ってみてください。

1 バースプーンで空気を抜く

容器に水を入れ、氷に粒々ができる原因となるので気泡が浮いてきたら、スプーンなどで気泡を出す。

2 断熱箱に入れて全体の3分の2ほど凍らせる

水が常温になるまで待ち、容器を断熱箱に入れて冷凍庫へ。氷水が凍って膨張するので凍らせすぎに注意。

3 アイスピックでいらない部分を削る

容器から氷を取り出し、凍りきらなかった水を捨てる。アイスピックでいらない部分も削り落とす。

4 透明な部分のみ残す

不純物が入っている部分は白くなっているため、透明な部分のみになるまでアイスピックで削る。

5 アイスピックで氷を割る

アイスピックで側面や底など割りたい部分を何回か叩いて、亀裂を入れて割る。

6 包丁で正方形に成形する

好きなサイズに切り出した氷を包丁を使って削り、正方形に成形する。正方形にするのは包丁がやりやすい。

7 四角く成形したら再び凍らせる

すべての氷を正方形に成形したら、プラスチック容器に戻して再び冷凍庫に入れて再度凍らせる。

8 ブロック氷が完成する

再び凍ったらブロック氷の完成。このまま使うもよし、好きな形に削ってから使うもよし。

氷を成形する方法

ダイアモンド形や丸形などデザイン性のある氷の作り方

丸氷

雰囲気が出るといえば丸氷。水を入れるだけで簡単に綺麗な丸氷が作れる製氷機もあるので、それを使っても。

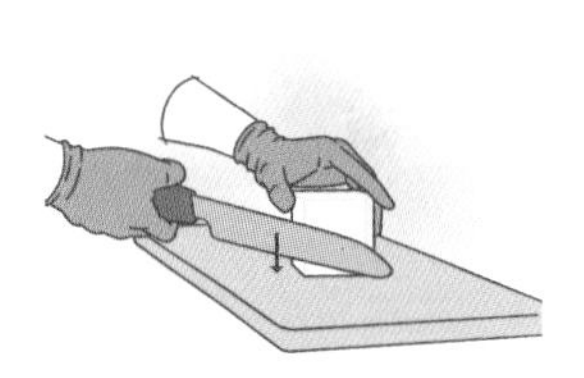

1

ブロック氷の全ての面の角を包丁で削って、どんどん落としていく。

2

アイスピックを使うよりも、初心者は包丁である程度球形に近づけたほうが楽。

3

ある程度球形になったら、ひたすらアイスピックで削って角を落として丸くしていく。

4

グラスに入るサイズになるまで削り、仕上げに包丁で角を落とすと綺麗になる。

ダイアモンド氷

ブリリアントカットとも呼ぶ。下がすぼまった形で、入れるだけでラグジュアリーな雰囲気に。

1

ブロック氷の上面に包丁を入れて削り、できるだけ水平になるように整える。

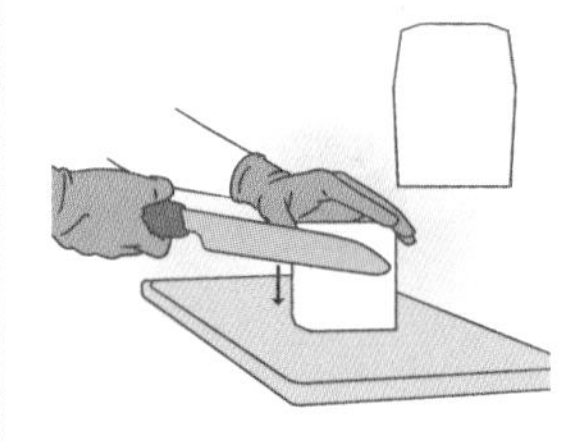

2

包丁を斜めに入れて角を落とす。上面に一回り小さな四角形を作るイメージ。

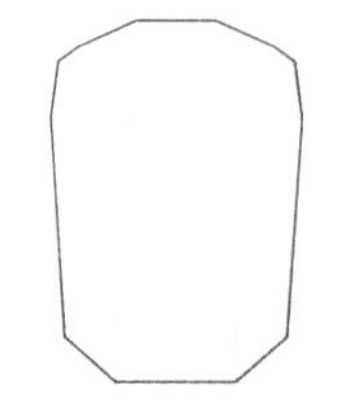

3

さらに四つ角を落とし、上から見たときに八角形になるように成形する。

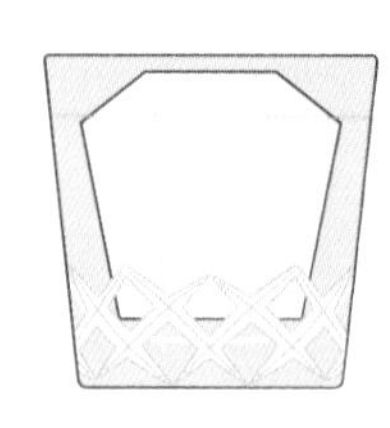

4

横面も角を落とす。グラスのサイズに合わせて下を削りサイズを調整する。

Part 3

世界のウイスキー

日本／スコットランド／アメリカ／アイルランド／その他

ジャパニーズウイスキーとは？
最新の情報と定義を徹底解説

日本のウイスキーはサントリー白札からスタート

日本のウイスキーの歴史は、1929年に国産ウイスキー第1号「サントリー白札」が発売されたところから始まります。このためにスコットランドで本場のスコッチウイスキーの製造を学んだ、後のニッカウヰスキーの創業者、竹鶴政孝氏が招かれました。ちなみに、「サントリー白札」は現在の「サントリーホワイト」のこと。その後竹鶴氏は大日本果汁（後のニッカウヰスキー）を創業し、1940年にニッカ初のウイスキーが発売されます。

ハイボールブームそしてウイスキー冬の時代

戦後はリーズナブルかつ、ウイスキーの原酒が少量しか入っていない3級ウイスキー（後の2級ウイスキー）がブームになります。なんとこの頃、サントリー（当時は寿屋）のプロモーションによって初めてのハイボールブームが巻き起こります。もちろん今のように家で楽しむようなものではなく当時はバーでのみ楽しめるものでした。

1970年代の終わり頃から徐々に地ウイスキーブームが到来します。日本酒や焼酎メーカーがこぞってウイスキーを発売しますが、1985年あたりをピークにウイスキーの売り上げはどんどん下がっていき、ウイスキーは冬の時代に突入します。ここから各社次々にウイスキーの製造規模を縮小、もしくは停止していきます。

ジャパニーズウイスキーが世界的に大ブームに！

2003年、地道にウイスキー造りを続けてきたサントリーの「シングルモルト山崎12年」が世界的な品評会で賞を取り、ここから徐々に日本のウイスキーが評価されるようになってきます。しかし、日本ではまだまだ冬の時代が続きます。

状況が変わったのは2008年頃から。サントリーの広告戦略もあり徐々にハイボールが人気になります。

そしてついに2010年には爆発的な人気に対応できず、原酒不足の懸念もあって出荷制限をせざるを得なくなります。少しの間ですが「サントリー角瓶」が買えない時期があったくらいです。2014年にはニッカウヰスキー創業者の竹鶴政孝氏の人生を描いたNHKの連続テレビ小説「マッサン」が放映。その影響とハイボールブームの流れを受け、そこから現在までウイスキーブームと言っても過言ではありません。

法律的に厳しい定義は決められていない

もともとジャパニーズウイスキーには最低限の法律しかありませんでした。たとえば、モルトウイスキーはモルトと水を原料として糖化・発酵させ蒸留したもので、アルコール度数は95%未満ということしか決

酒税法3条15号

イ　発芽させた穀類及び水を原料として糖化させて、発酵させたアルコール含有物を蒸留したもの

ロ　発芽させた穀類及び水によって穀類を糖化させて、発酵させたアルコール含有物を蒸留したもの

ハ　イ又はロに掲げる酒類にアルコール、スピリッツ、香味料、色素又は水を加えたもの
（イ又はロに掲げる酒類のアルコール分の総量がアルコール、スピリッツ又は香味料を加えた後の酒類のアルコール分の総量の百分の十以上のものに限る。）

イはモルトウイスキー、ロはグレーンウイスキーの定義。ハではウイスキーに香味料などを加えてもよいことがわかる。また補足ではウイスキーが最低10%入っていればよいことがわかる。

日本市場でのウイスキーの種類

- ☞ 日本の蒸溜所で蒸留されたウイスキー
- ☞ 日本の蒸溜所で蒸留された原酒と海外の蒸溜所で造られた原酒をブレンドしたウイスキー
- ☞ 海外原酒を輸入し独自に熟成したり、ブレンドしたりしたもの
- ☞ 海外原酒を日本で瓶詰めしただけのウイスキー
- ☞ ウイスキーにスピリッツや香味料を加えたもの(ウイスキーは最低10%)

ウイスキーの表示に関する公正競争規約及び施行規則

ブレンド用アルコール
穀類を原料とするものを除き、これらを当該ウイスキーにブレンドした場合

スピリッツ
穀類を原料とするものを除き、これらを当該ウイスキーにブレンドした場合に表示する

シェリー酒類
容量比で2.5パーセントを超えて使用した場合に、表示する。

穀類を原料としたスピリッツを添加してもラベルに表示する義務はありません。また、2.5%までならシェリー酒類を直接加えても表示義務はありません。

日本洋酒酒造組合によるジャパニーズウイスキーの定義

まっていません。また、モルトウイスキーやグレーンウイスキーにスピリッツや香料、色素などを加えてもよく、ウイスキーが最低10%入っていればウイスキーと表示できます。

スコットランドのように蒸留器の指定も言葉の定義もありません。これは戦後の物資不足の中で制定された最低限の法律であり、今も変わっておらず、結果、日本でウイスキーと名の付くものには現在もさまざまなタイプがあります(63ページ参照)。

ジャパニーズウイスキーの定義が決定した

2000年代に入り、日本のウイスキーは世界的な品評会で高評価を得て、徐々に注目されていきます。秩父蒸溜所のクラフトウイスキー「イチローズモルト」も世界的に大人気です。レアなジャパニーズウイスキーはオークションで数千万円という価格が付けられることも。そんな中、日本を連想するラベルと名前で海外原酒を詰めただけのウイスキーが海外に輸出されています。こうした状況を受け、それでは日本の信用を損ねる、定義を作らなければという動きが業界内で起こり、日本洋酒酒造組合内でジャパニーズウイスキーの要件を定義。2021年4月以降、組合に所属するメーカーはこの基準を遵守することになりました。原材料は麦芽、穀類、日本国内で採取された水を使用すること。糖化発酵・蒸留・熟成は日本国内で行うこと。熟成は3年以上でアルコール度数は40%以上ということも決められました。着色についてはスコッチ同様、認められています。表記についても厳しい基準が定められました。これを受け、大手メーカーなどではどれがジャパニーズウイスキーに該当するかを発表しました。

製法品質の要件		
原材料		原材料は、麦芽、穀類、日本国内で採水された水に限ること。なお、麦芽は必ず使用しなければならない。
製法	製造	糖化、発酵、蒸留は、日本国内の蒸留所で行うこと。なお、蒸留の際の留出時のアルコール分は 95 度未満とする。
	貯蔵	内容量700リットル以下の木製樽に詰め、当該詰めた日の翌日から起算して 3 年以上日本国内において貯蔵すること。
	瓶詰	日本国内において容器詰めし、充填時のアルコール分は40度以上であること。
	その他	色調の微調整のためのカラメルの使用を認める。

ジャパニーズウイスキーと表記するためには、原材料は麦芽か穀類、そして大麦麦芽(モルト)は必ず使用することが条件。

事業者は、第5条に定める製法品質の要件に該当しないウイスキーについて、次の各号に定める表示をしてはならない。
ただし、第5条に定める製法品質の要件に該当 しないことを明らかにする措置をしたときは、この限りでない。

一 日本を想起させる人名
二 日本国内の都市名、地域名、名勝地名、山岳名、河川名などの地名
三 日本国の国旗 及び 元号
四 前各号に定めるほか不当に 第5条に定める製法品質の要件に該当するかのように誤認させるおそれのある表示

上の第5条で定める要件に該当しない場合は日本を連想させる名前を付けることはできない(※1)。

※1 ただし要件に該当しないことを明示すれば可能である。

ジャパニーズウイスキーの定義に当てはまるウイスキー

サントリー

シングルモルトウイスキー「山崎」「白州」シリーズ、シングルグレーンウイスキー「知多」、ブレンデッドウイスキー「響」シリーズ、「スペシャルリザーブ」「サントリーオールド」「サントリーローヤル」、そして海外限定発売の「季」。

ニッカウヰスキー

「竹鶴ピュアモルト」、シングルモルト「余市」「宮城峡」、「ニッカ カフェグレーン」。

キリンビール

キリンディスティラリー 富士御殿場蒸溜所の「キリンシングルグレーンウイスキー 富士」など。

ベンチャーウイスキー
秩父蒸溜所

日本のクラフト蒸溜所の先駆けでもある秩父蒸溜所。画像は「イチローズモルト 秩父 ザ・ファーストテン」。

江井ヶ嶋酒造
江井ヶ嶋蒸溜所

100年以上の歴史を持つ江井ヶ嶋蒸溜所。シングルモルト「あかし」やシングルモルト「江井ヶ嶋」がジャパニーズウイスキーの定義に当てはまります。

本坊酒造

マルス信州蒸溜所のシングルモルト「駒ヶ岳」と、マルス津貫蒸溜所のシングルモルト「津貫」。他にもHPに記載。どれも限定品でのリリース。

クラフトウイスキーのいろいろ

小規模生産でこだわりのあるクラフト・ディスティラリー。自社蒸留のこだわりのシングルモルトが3年熟成を経て次々とリリースされています。写真は各社のシングルモルトウイスキーです。

海外原酒をブレンドしたウイスキー

最初に注意してほしいのは、海外原酒を使っている＝美味しくないではないということ。ネガティブなイメージがあるかもしれませんが、バリエーションも多く、人気銘柄もたくさんあります。

滋賀県にある長濱蒸溜所は「アマハガン」シリーズを販売していますが、これは海外のモルト原酒と自社のモルト原酒のみを使ったブレンデッドモルトシリーズ。「自社の原酒ばかり扱っていてはブレンドの経験も積めない」という考えの下、積極的に商品を出しています。

ただ、バルクウイスキー（専門の業者が蒸溜所から原酒をまとめて買い付けブレンドし、大容量のタンクでタイプ別に販売しているウイスキー）を海外から輸入してそのまま瓶詰めして販売するという方法もあり、こちらはウイスキーファンからの風当たりが強いのも事実です。

「サントリーワールドウイスキー碧 Ao」はサントリーが海外の自社蒸溜所の原酒をブレンドして造ったもの。ブラックニッカシリーズはコスパのよさで人気に。アマハガンシリーズは樽の個性が出つつ、バランスのよいブレンデッドモルト。ニッカウヰスキーの「フロム・ザ・バレル」は通常価格でネットで販売されると一瞬で売り切れるほどの人気があります。

サントリーやニッカウヰスキーなどが所有している海外の蒸溜所

サントリーはボウモア蒸溜所やラフロイグ蒸溜所、ジムビーム、メーカーズマークなど、ニッカウヰスキーはベン・ネヴィス蒸溜所を所有。そうした海外蒸溜所の原酒も当然、サントリーやニッカウヰスキーのウイスキーに使用されています。

【保存版】ジャパニーズウイスキー　蒸溜所名鑑2021

全42蒸溜所 ダイジェスト名鑑

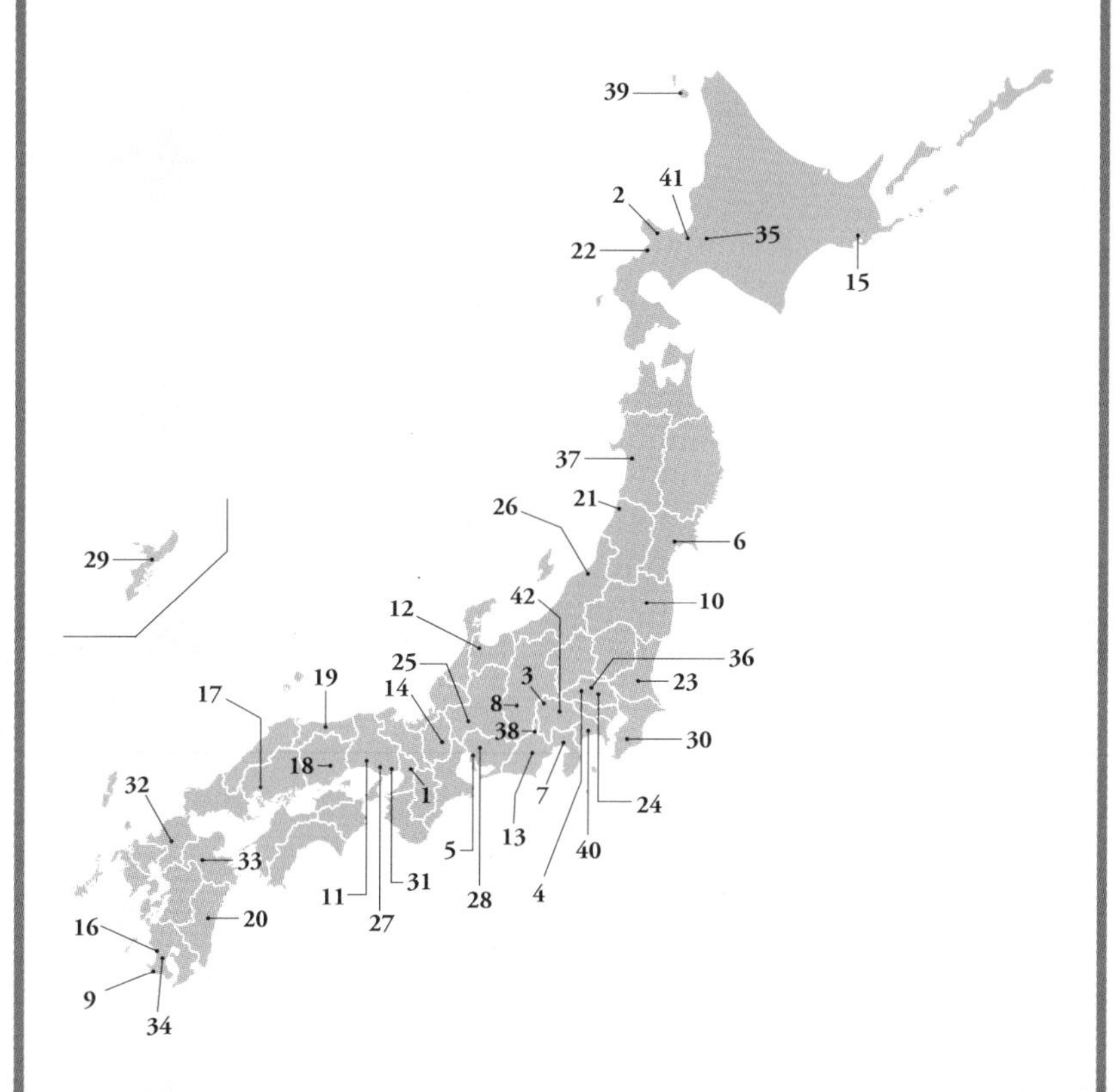

1 山崎蒸溜所／2 余市蒸溜所／3 白州蒸溜所／4 秩父蒸溜所／5 サントリー知多蒸溜所／6 宮城峡蒸溜所／7 キリンディスティラリー富士御殿場蒸溜所／8 マルス信州蒸溜所／9 マルス津貫蒸溜所／10 安積蒸溜所／11 江井ヶ嶋蒸溜所／12 三郎丸蒸留所／13 ガイアフロー静岡蒸溜所／14 長濱蒸溜所／15 厚岸蒸溜所／16 嘉之助蒸溜所／17 桜尾蒸留所／18 岡山蒸溜所／19 倉吉蒸溜所／20 尾鈴山蒸留所／21 遊佐蒸溜所／22 ニセコ蒸溜所／23 八郷蒸溜所／24 鴻巣蒸溜所／25 玉泉堂酒造／26 新潟亀田蒸溜所／27 海峡蒸溜所／28 清洲桜醸造／29 ヘリオス酒造／30 須藤本家／31 六甲山蒸溜所／32 新道ウイスキー蒸溜所／33 久住蒸溜所／34 御岳蒸留所／35 馬追蒸溜所／36 羽生蒸溜所／37 秋田蒸溜所（仮）／38 井川蒸溜所／39 カムイウイスキー蒸溜所／40 熊澤酒造／41 紅櫻蒸溜所／42 富士山蒸溜所

山梨県

白州蒸溜所

大自然に囲まれた森の蒸溜所

サントリーウイスキー誕生50周年を記念して開設されたサントリーの第二蒸溜所。山崎蒸溜所と同様、多様な原酒を造り分けており、木桶発酵槽による、複雑かつ独特な香味が特徴。今年は休売していた白州12年が復活して話題に。

DATA

住所：山梨県北杜市白州町鳥原 2913-1
主な銘柄：白州、白州 18 年、白州 25 年
蒸留開始：1973 年
運営会社：サントリースピリッツ

大阪府

山崎蒸溜所

国内初のウイスキー蒸溜所

サントリー創業者、鳥井信治郎の「日本人の繊細な味覚に合った、日本のウイスキーを造りたい」という思いから建設された日本初の本格ウイスキー蒸溜所。さまざまなタイプの蒸留設備から100種類ものモルト原酒が造り分けられている。

DATA

住所：大阪府三島郡島本町山崎 5-2-1
主な銘柄：山崎、山崎 12 年、山崎 18 年、山崎 25 年
蒸留開始：1924 年
運営会社：サントリースピリッツ

埼玉県

秩父蒸溜所

クラフトディスティラリーの先駆け

世界が注目する「イチローズモルト」を造るベンチャーウイスキーの蒸溜所。世界的な品評会でも高い評価を受けていて海外での人気も高い。現在は400m離れた場所の第二蒸溜所も稼働しており生産能力を増強している。

DATA

住所：埼玉県秩父市みどりが丘 49
主な銘柄：イチローズモルト & グレーンホワイトラベル、イチローズモルト秩父ザ・ファーストテンなど
蒸留開始：2008 年　運営会社：ベンチャーウイスキー

北海道

余市蒸溜所

まさに日本のスコットランド

創業者・竹鶴政孝が理想のウイスキー造りを求めて建設した蒸溜所。今でもスコットランドの伝統的な方法である「石炭直火蒸留」方式でウイスキーを造っており、「余市モルト」の重厚でコクのある味わいや香ばしさを生み出している。

DATA

住所：北海道余市郡余市町黒川町 7-6
主な銘柄：シングルモルト「余市」
蒸留開始：1936 年
運営会社：ニッカウヰスキー

長野県 マルス信州蒸溜所

中央アルプスで正統派ウイスキーを造る

ウイスキー需要の低迷により生産を一時中止していたが2011年より生産を再開。精力的にリリースを続けている。

DATA

住所：長野県上伊那郡宮田村4752-31
主な銘柄：シングルモルト「駒ヶ岳」など
蒸留開始：1985年
運営会社：本坊酒造

愛知県 サントリー知多蒸溜所

多彩な原酒を造り分ける

サントリーのグレーンウイスキー蒸溜所で日本最大のグレーン工場。現在はヘビー、ミディアム、クリーンタイプの原酒を造り分けている。

DATA

住所：愛知県知多市北浜町16
主な銘柄：シングルグレーン「知多」
蒸留開始：1973年
運営会社：サントリー知多蒸溜所

鹿児島県 マルス津貫蒸溜所

本土最南端のウイスキー蒸溜所

本坊酒造の第二蒸溜所。マルス信州蒸溜所より重厚感のある酒質が特徴で、ノンピーテッドと数種類のピーテッドモルトを製造している。

DATA

住所：鹿児島県南さつま市加世田津貫6594
主な銘柄：シングルモルト「津貫 THE FIRST」など
蒸留開始：2016年
運営会社：本坊酒造

宮城県 宮城峡蒸溜所

ニッカウヰスキーの第二の蒸溜所

余市蒸溜所とはタイプの異なる原酒を造るため、スチーム加熱での「蒸気間接蒸留方式」を採用。華やかな香りと甘みが特徴的。

DATA

住所：宮城県仙台市青葉区ニッカ1
主な銘柄：シングルモルト「宮城峡」
蒸留開始：1969年
運営会社：ニッカウヰスキー

福島県 安積蒸溜所

老舗蔵元の本格モルトウイスキー

東北最古の地ウイスキー蒸溜所。2016年に設備を新設し安積蒸溜所として自社蒸留を再開。2019年には初のシングルモルトを発売。

DATA

住所：福島県郡山市笹川1-178
主な銘柄：「山桜 安積ザ・ファースト」など
蒸留開始：2016年
運営会社：笹の川酒造

静岡県 キリンディスティラリー富士御殿場蒸溜所

モルトとグレーン両方を製造

仕込みからボトリングまで一貫して行っている世界でも稀な蒸溜所。グレーン作りに力を入れており、多彩な味わいのウイスキーを生み出す。

DATA

住所：静岡県御殿場市柴怒田970
主な銘柄：「富士御殿場蒸溜所ピュアモルトウイスキー」、シングルグレーン「富士」など　蒸留開始：1973年
運営会社：キリンディスティラリー

滋賀県 長濱蒸溜所

小さな蒸溜所から世界へ

日本最小クラスのウイスキー蒸溜所。2018年から海外原酒と自社原酒をブレンドしたブレンデッドモルトシリーズを発売している。

DATA

住所：滋賀県長浜市朝日町14-1
主な銘柄：シングルモルト「長濱」など
蒸留開始：2016年
運営会社：長濱浪漫ビール

兵庫県 江井ヶ嶋蒸留所

日本一海に近い蒸溜所

老舗の清酒蔵が開設した蒸溜所。1919年に製造免許を取得。1984年に蒸溜所を新たに竣工。100年以上の歴史を誇る。

DATA

住所：兵庫県明石市大久保町西島919
主な銘柄：シングルモルト「あかし」「江井ヶ嶋」など
蒸留開始：1961年
運営会社：江井ヶ嶋酒造

北海道 厚岸蒸溜所

厚岸オールスターのシングルモルトを目指す

2016年に開設された蒸溜所。アイラ島のスコッチウイスキーを手本とし、伝統的な製法と原料にこだわるクラフト蒸溜所。

DATA

住所：北海道厚岸郡厚岸町宮園4-109-2
主な銘柄：厚岸ウイスキー「カムイウイスキーシリーズ」、「二十四節気シリーズ」 蒸留開始：2016年
運営会社：堅展実業

富山県 三郎丸蒸留所

北陸唯一のウイスキー蒸留所

2019年世界初の鋳造で作ったポットスチルを導入。スモーキーなウイスキーにこだわり、日本では珍しくピーテッド麦芽のみを使用し蒸留。

DATA

住所：富山県砺波市三郎丸208
主な銘柄：シングルモルト「三郎丸 0 THE FOOL」、「サンシャインウイスキー」など 蒸留開始：1952年
運営会社：若鶴酒造

鹿児島県 嘉之助蒸溜所

3基のポットスチルで造る味わい

世界に通用するウイスキー造りを目標に、焼酎造りのノウハウを活かし3基のポットスチルで多彩な原酒を造っている。

DATA

住所：鹿児島県日置市日吉町神之川845-3
主な銘柄：シングルモルト「嘉之助」など
蒸留開始：2017年
運営会社：小正嘉之助蒸溜所

静岡県 ガイアフロー静岡蒸溜所

樽オーナーにもなれるクラフト蒸溜所

世界的にも珍しい薪直火蒸留機Wに、間接加熱の蒸留機K。異なる蒸留機と地元の素材を活用し、静岡らしいウイスキー造りを目指す。

DATA

住所：静岡県静岡市葵区落合555
主な銘柄：シングルモルト「静岡プロローグK」、「静岡プロローグW」、「コンタクトS」 蒸留開始：2016年
運営会社：ガイアフローディスティリング

宮崎県 尾鈴山蒸留所

手づくりにしか出せない味と品質

2019年からウイスキー造りを開始。使用する原料は、全て九州で栽培したものを使用。焼酎造りのノウハウも活かされている。

DATA

住所：宮崎県児湯郡木城町石河内字倉谷 656-17
主な銘柄：「OSUZU MALT NEW MAKE」など
蒸留開始：2019年
運営会社：黒木本店

広島県 桜尾蒸留所

海と山のシングルモルトウイスキー

1980年後半に自社蒸留は停止していたが2017年に桜尾蒸留所として再開し、ジンとウイスキーを製造している。

DATA

住所：広島県廿日市市桜尾 1-12-1
主な銘柄：シングルモルト「桜尾」、シングルモルト「戸河内」など　蒸留開始：2017年
運営会社：サクラオブルワリーアンドディスティラリー

山形県 遊佐蒸溜所

世界が憧れるウイスキーを目指す

山形県の焼酎メーカー「金龍」が開設した蒸溜所。少数精鋭の若手スタッフを中心に本格ウイスキー造りを行っている。

DATA

住所：山形県飽海郡遊佐町吉出字 カクジ田 20
主な銘柄：YUZA First edition 2022（2022年発売予定）
蒸留開始：2018年
運営会社：金龍

岡山県 岡山蒸溜所

少量生産のこだわりウイスキー

2011年に焼酎用蒸留機で製造を開始し、2015年から銅製のポットスチルを導入して本格的なウイスキー造りを開始している。

DATA

住所：岡山県岡山市中区西川原 184
主な銘柄：シングルモルトウイスキー「岡山」など
蒸留開始：2015年
運営会社：宮下酒造

北海道 ニセコ蒸溜所

ニセコエリア初のウイスキー蒸溜所

上品で繊細なバランスの取れたジャパニーズウイスキー造りを目的に開設。シングルモルトは2024年以降の発売を予定。

DATA

住所：北海道虻田郡ニセコ町ニセコ 478-15
主な銘柄：未定（シングルモルトは 2024 年以降発売予定）
蒸留開始：2021年
運営会社：ニセコ蒸溜所

鳥取県 倉吉蒸溜所

山陰地方初のウイスキー蒸溜所

2017年に製造を開始。ウイスキーのほか、ジン、梅酒リキュールなどさまざまな銘柄を精力的に発売、海外の品評会でも多数の受賞歴がある。

DATA

住所：鳥取県倉吉市上古川 656-1
主な銘柄：「シングルモルトウィスキー松井」、「マツイピュアモルトウィスキー倉吉」など　蒸留開始：2017年
運営会社：松井酒造合名会社

新潟県 新潟亀田蒸溜所

新潟初の本格モルトウイスキー

2022年より、新潟産大麦の自社製麦と新潟産米ウイスキーの製造を行い、地元のテロワールを表現するウイスキーを製造する。

DATA

住所：新潟市江南区亀田工業団地1-3-5
主な銘柄：未定（2024年本格販売を見込む）
蒸留開始：2021年
運営会社：新潟小規模蒸溜所

茨城県 八郷蒸溜所

地元産の原料にこだわる

常陸野ネストビールの木内酒造が開設。地元産の原料にこだわった国産ウイスキーを造ることを目標にしている。

DATA

住所：茨城県石岡市須釜1300-8
主な銘柄：未定
蒸留開始：2020年
運営会社：木内酒造

兵庫県 海峡蒸溜所

海外で大きく販路を伸ばす

2017年よりウイスキーの生産を開始。海外に販路を伸ばしている。日本未発売の「波門崎ウイスキー」を海外向けに発売している。

DATA

住所：兵庫県明石市大蔵八幡町1-3
主な銘柄：「波門崎ウイスキー」など
蒸留開始：2017年
運営会社：明石酒類醸造

埼玉県 鴻巣蒸溜所

納得するまでリリースしない外資蒸溜所

スコットランドを思わせる蒸溜所の外観が特徴。2020年にウイスキーの生産を開始。見学ができるビジターセンターも開設予定。

DATA

住所：埼玉県鴻巣市小谷625
主な銘柄：未定（2025年以降リリース予定）
蒸留開始：2020年
運営会社：光酒造

愛知県 清洲桜醸造

清酒酵母のウイスキー

清酒酵母を仕込みに使い、樫樽でじっくりと貯蔵したジャパニーズウイスキー「愛知クラフトウイスキーキヨス45度」を発売している。

DATA

住所：愛知県清須市清洲1692
主な銘柄：「愛知クラフトウイスキー キヨス」
蒸留開始：2015年
運営会社：清洲桜醸造

岐阜県 玉泉堂酒造

地ウイスキーブームで一世を風靡

1980年代の地ウイスキーブームから「ピークウイスキー」を発売。現在シングルモルト発売に向け本格的なウイスキー造りに取り組む。

DATA

住所：岐阜県養老郡養老町高田800-3
主な銘柄：「ピークウイスキー」、「ピークウイスキースペシャル」 蒸留開始：1949年（2018年再開）
運営会社：玉泉堂酒造

兵庫県 六甲山蒸溜所

六甲山の湧き水を使う

2021年蒸留開始。現在は海外原酒を六甲山の湧き水で加水調整した「六甲山ピュアモルトウイスキー12年」を発売。

DATA

住所：兵庫県神戸市灘区六甲山町南六甲1034-229
主な銘柄：「六甲山ピュアモルトウイスキー」
蒸留開始：2021年
運営会社：アクサス

沖縄県 ヘリオス酒造 許田蒸留所

沖縄初のシングルモルトを発売

ノンカラード、ノンチルフィルタードにこだわり本格的なシングルモルト「許田」など香り高く味わい深いウイスキー造りに取り組んでいる。

DATA

住所：沖縄県名護市字許田405
主な銘柄：「シングルモルト許田」など
蒸留開始：1961年
運営会社：ヘリオス酒造

福岡県 新道ウイスキー蒸溜所

基本を押さえ新しい挑戦を続けていく

江戸時代から続く老舗酒蔵が「QUEST FOR THE ORIGINAL」というコンセプトの元、永年の夢であるシングルモルトウィスキー造りに取り組む。

DATA

住所：福岡県朝倉市比良松185番地
主な銘柄：未定
蒸留開始：2021年
運営会社：篠崎

千葉県 須藤本家

千葉県初のクラフトウイスキー

老舗清酒蔵が2020年に3年熟成の自社モルトと海外のグレーン原酒をブレンドして作った「房総ウイスキー」を発売している。

DATA

住所：千葉県君津市青柳16-10
主な銘柄：「房総ウイスキー」
蒸留開始：2018年
運営会社：須藤本家

大分県 久住蒸溜所

100年後もウイスキーを造り続ける

「理想の酒を自分の手で造る」という夢を掲げ、冷涼な気候とくじゅう山系の豊富な水を活かし、2021年2月より製造を開始している。

DATA

住所：大分県竹田市久住町6426
主な銘柄：未定（2024年～2025年頃予定）
蒸留開始：2021年
運営会社：津崎商事

秋田県 秋田蒸溜所（仮）

本州最北の蒸溜所を目指す

「株式会社ドリームリンク」が秋田市の「BAR ル・ヴェール」の創業者である佐藤氏監修の元、蒸溜所の建設を予定している。

DATA

住所：秋田県秋田市郊外（詳細未定）
主な銘柄：未定（2026 年出荷を目指す）
蒸留開始：2023 年予定
運営会社：ドリームリンク

鹿児島県 御岳蒸留所

桜島を一望できる蒸溜所

ポットスチルのラインアームの角度を上向きに設計することで、フルーティーですっきりとした酒質のウイスキーを造っている。

DATA

住所：鹿児島県鹿児島市下福元町 12300
主な銘柄：未定
蒸留開始：2019 年
運営会社：西酒造

静岡県 井川蒸溜所

2億4,000万平米の水源地を持つ蒸溜所

水源地：南アルプス

広大な自然が育む天然湧水、上質な樽材となる樹々、日本一の標高 1200 mの熟成環境、南アルプス（写真）の恵みを詰めたウイスキーを造る。

DATA

住所：静岡県静岡市葵区田代
主な銘柄：未定（2027 年頃の出荷を目指す）
蒸留開始：2020 年
運営会社：十山

北海道 馬追蒸溜所

北海道から世界へ発信を目指す

北海道立総合研究機構と共同で北海道の原材料を使い北海道産コーンウイスキーの製造を計画中。ブランデーなどの蒸留酒の製造も行う予定。

DATA

住所：北海道夕張郡長沼町字加賀団体
主な銘柄：未定（2025 年発売予定）
蒸留開始：2022 年
運営会社：MAOI

埼玉県 羽生蒸溜所

20年ぶりに自社蒸留が復活

一度は休止したが、2016 年に海外原酒を使ったウイスキー事業を再開。2021 年には自社蒸留によるウイスキー造りを開始した。

DATA

住所：埼玉県羽生市西 4-1-11
主な銘柄:「ゴールデンホース 武蔵」「ゴールデンホース 武州」
蒸留開始：1980 年（2021 年再開）
運営会社：東亜酒造

北海道 紅櫻蒸溜所

ジン蒸溜所の造るウイスキー

札幌市紅櫻公園の敷地内に施設があり、北海道では初めてのクラフトジン蒸溜所。2022年よりウイスキーの製造も予定している。

DATA

住所：北海道札幌市南区澄川389-6 紅櫻公園敷地内
主な銘柄：クラフトジン「9148」シリーズ
蒸留開始：2022年予定
運営会社：北海道自由ウヰスキー

北海道 カムイウイスキー蒸溜所

日本最北のウイスキー蒸溜所

アメリカ人起業家ケイシー氏がアイラ島に利尻島を重ね、ウイスキー造りを構想。利尻島の豊かな自然を活かしたウイスキーを蒸留開始予定。

DATA

住所：北海道利尻郡利尻町沓形字神居128
主な銘柄：未定
蒸留開始：2022年（予定）
運営会社：Kamui Whisky

山梨県 富士山蒸溜所

富士山の恵みを受けたウイスキー

仕込み水には富士山の伏流水を使用。木製の発酵槽と三宅製作所にオーダーした直火加熱方式のポットスチルで、力強い酒質を目指す。

DATA

住所：山梨県富士吉田市上吉田4918-1
主な銘柄：未定
蒸留開始：2022年秋竣工予定
運営会社：SASAKAWA WHISKY

神奈川県 熊澤酒造

ビール樽で熟成したウイスキー

日本酒とビールを造ってきた酒蔵ならではの、ビール樽を使って熟成したウイスキーを造っており、製品化を目指している。

DATA

住所：神奈川県茅ヶ崎市香川7-10-7
主な銘柄：未定（2023年製品化を目指す）
蒸留開始：2020年
運営会社：熊澤酒造

初心者向け

ブレンデッドウイスキーとは!?

モルトウイスキー ＋ グレーンウイスキー

＝ブレンデッドウイスキー

全世界のウイスキーの生産量の**95％**を占めている

スコッチウイスキーの生産量＝瓶詰した状態を指す

単式蒸留器（ポットスチル）

1回の蒸留が終わったら次の蒸留というように手作業で行います。モルトウイスキーは2回から3回蒸留が一般的。

＋

連続式蒸留器（機）

連続式蒸留機は連続的に蒸留をする蒸留器で大量生産に向いています。一般的にグレーンウイスキーは連続式蒸留機で造られます。

モルトとグレーンをブレンドして造る

スコッチにおけるブレンデッドウイスキーは文字どおりブレンドするウイスキーのこと。モルトウイスキーとグレーンウイスキーをブレンドして造られ、スコッチの生産量の95％を占めているといいます。この生産量は瓶詰めした状態のこと。つまり瓶詰めされるシングルモルトはスコッチのわずか5％です。

　モルトウイスキーは単式蒸留器（ポットスチル）で、グレーンウイスキーは一般的に連続式蒸留機で蒸留します。この2つの決定的な違い

は、単式蒸留器が風味を残して蒸留するのに対し、連続式蒸留機で蒸留されたアルコールは風味をなるべく残さず、効率的に高アルコール度数のスピリッツを造れるところです。

ブレンダーの腕の見せ所？

1800年代の中頃から流通し始めたブレンデッドウイスキーがスコッチとして認定されたのは1909年頃のこと。そこから現在までブレンデッドウイスキーは市場のウイスキーの大半を占めています。シングルモルトの人気が高まってきたのは1990年代頃からで、日本でもウイスキーといえばブレンデッドという時代が長く続きました。

世界的に見ても圧倒的にブレンデッドスコッチウイスキーのほうが、シングルモルト・スコッチウイスキーより売り上げていて、たとえば、2020年の「ジョニーウォーカーシリーズ」の売り上げが1840万ケースなのに対して、シングルモルトスコッチウイスキーの販売数量世界一の「グレンフィディックシリーズ」は150万ケース（※ドリンクスインターナショナル調べ）。約10倍以上売れています。

主なブレンデッドウイスキー

「ジョニーウォーカー」シリーズはレッドラベル、ブラックラベルなど。その他、スーパーなどでもよく見かける「バランタイン」、「デュワーズ」、「シーバスリーガル」、「オールドパー」、「カティーサーク」など。1000円台からあり、ハイボール需要としてもぴったり。熟成年数が表記された銘柄も多く、そうした幅広いラインナップがブレンデッドウイスキーの魅力のひとつ。

日本のブレンデッドウイスキー

日本のウイスキーはスコッチにならって造られているのが一般的で、代表的な銘柄としては、サントリーの「響」、「サントリーローヤル」、「スペシャルリザーブ」、ニッカウヰスキーの「スーパーニッカ」、「フロム・ザ・バレル」、「ブラックニッカ」シリーズ、秩父蒸溜所の「イチローズモルト＆グレーン」などがあります。

「シングルモルトは流行らない」と言われた時代もあったほどで、一部の愛好家が飲む、通の酒でした。とはいえ、今ではシングルモルトも大人気です。

シングルモルト・スコッチウイスキーは単一の蒸溜所かつ、材料も大麦麦芽のみということもあり、シンプルかつ背景が見えやすいウイスキーです。一方、ブレンデッドウイスキーは複数の蒸溜所の原酒が使われていたり、モルトとグレーンの比率が非公開だったりと背景が見えにくいという側面があります。

だからこそ、ブレンデッドウイスキーは先入観なしに飲めるという特徴もあるのではないでしょうか。ブレンダーの腕の見せ所でもあり、それこそがブレンデッドウイスキーを飲む醍醐味ともいえます。ただ、最近はいろいろな情報が公開されており、情報が多いウイスキーは人気があったりもします。

「ウシュクベリザーブ」は熟成年数10～18年のモルト原酒が20種類以上使われているとか。

原酒比率だけでは味はわからない

一般的なブレンデッドウイスキーの原酒比率は、グレーンウイスキーの比率がモルトウイスキーよりも高いことが多いです。ただ、原酒比率は銘柄によってまったく異なり、高級ブレンデッドウイスキーや熟成年数が長いものはモルトの比率が多かったりもします。

「ウシュクベリザーブ」のように価格は安くてもモルト比率が高いものもあります。サントリーの「響17年」はモルトとグレーンが1対1だといいます。これが人気の秘密かもしれません。

とはいえ、モルト原酒の量を増やすこと＝ブレンデッドウイスキーの質を上げるということではないようです。ブレンデッドウイスキーの質を上げるのはモルト原酒の量ではなく原酒自体の質が重要という生産者の意見もあります。

熟成についても同じで、モルト原酒とグレーン原酒のどちらも長期熟成の場合、個性がぶつかり味が散漫になることもあるといいます。

グレーンウイスキーは水増し用の安物の酒という誤解もあり、シングルモルト派の中には、モルトウイスキーを低品質なグレーンで薄めてい

主なキーモルトの例

上記のようにキーモルトを公開しているブレンデッドウイスキーもあります。キーモルトは同じシリーズで異なることも。また会社が所有する蒸溜所が変わった場合にキーモルトが変更される場合も多々あり、時代とともにブレンド内容も変更されていきます。

るというイメージの方もいらっしゃるようですが、グレーンウイスキーはモルトの風味をより引き立ててくれる大切なパートナーです。

「小麦原料のグレーンウイスキーをバーボン樽で8～12年熟成すると、長期熟成のモルトウイスキーのような風味を引き出し、舌全体に広げてくれる作用がある」というブレンダーさんの意見もありました。

キーモルトを知る楽しみがある

次はキーモルト。ブレンデッドウイスキーの話をするなら避けては通れないのがキーモルト。キーモルトとはそのブレンデッドウイスキーの核となるモルト原酒のこと。

たとえば「バランタイン17年」は40種類以上のモルト原酒とグレーン原酒を使っているといわれます。その中で香り・味わいの中核として個性を作り出すのがキーモルトです。

左上図のようにブレンデッドウイスキーにはキーモルトを公開している銘柄もあります。それを知ることで、飲むときにキーモルトの味わいを探しながら飲むという楽しみ方も

グレーン ウイスキーの力

個性の強いスタープレーヤーばかりを集めてチームを作っても強いチームはできません。グレーンウイスキーはいわば縁の下の力持ち。もちろん、グレーンウイスキーをブレンドする理由はコスト面もありますが、味に深みを出してくれるからというのもあります。

できるわけです。

もともとは、ブレンデッドウイスキーに原酒を供給するためだけの蒸溜所がほとんどで、現在では普通に飲まれているシングルモルトが昔はオフィシャルでは発売していなかったということも多く、今もブレンデッドウイスキーのためだけにモルト原酒を造っている蒸溜所はあります。

たとえば、「バランタイン」のキーモルトである「グレンバーギー」、「ミルトンダフ」、「グレントファーズ」はオフィシャルリリースがほとんどありません。

オールドボトルを探す楽しさがある

ブレンデッドウイスキーというと価格が安いイメージがどうしてもあるかもしれませんが、「バランタイン30年」のように高級なものもあります。幅広いラインナップが魅力でもあるわけです。

流通量もシングルモルトと比べるとケタ違いです。だから、いわゆるオールドボトルも安価に楽しむことができたりもします。80年代以降は世界的にウイスキーが売れなかった時代。だからこそ原酒が余り在庫を消費しなければならず、長期熟成の原酒を安価なブレンデッド・スコッチウイスキーに贅沢に使用しているなんていう話もあります。今だからこそ、こうしたオールドボトルを購入して、そのウイスキーの歴史やそのボトルが発売した当時の時代背景を調べながらじっくりと楽しむのもいいのではないでしょうか（上の写真は流通量の多い代表的なオールドボトル）。

Column

手軽に熟成?【魔法のスティック】
タルフレーバーを使ってみた

自宅で簡単にウイスキーを熟成できるというタルフレーバー（有明産業）を使ってみました。1日漬け込むだけで素材の香りが楽しめるというものです。

試すのは長濱蒸溜所の蒸留仕立てのニューメイク。ニューメイクは樽に入れる前のウイスキーのことです。なので透明ですし、そのままでは樽から得られる要素は何も感じられません。

ちなみに、有明産業は日本国内で唯一洋樽を作っている会社です。タルフレーバーは、アメリカンホワイトオーク、ヤマザクラ、ミズナラの3種類があります。今回使用したのはアメリカンホワイトオーク。

使い方はただ入れるだけ。ニューメイクに入れて、熟成の経過を観察してみました。

5分後	うっすらと色がついています。もともとの透明なものと比べると違いは歴然です。
24時間後	色は結構ついています。まだ、ガツンとアルコール感はありますが、甘みは増しています。
3日後	色はさらに濃くなりました。ニューメイクならではのネガティブな要素が落ち着いてきました。
5日後	2日目に比べて倍以上甘くなり、香りはスモーキーさが目立ちますがひとつの完成形かもしれません。
7日後	穀物感が抑えられ、ピートの香りにバニラの香りが加わり、ウイスキーと呼べるものに変化。

結論から言うと、だいたい5日目でひとつの完成形を迎えた感じです。もともとのニューメイクならではのピートの荒々しい感じが和らいで、最初に比べて倍以上甘くなりました。少しずつ色がつき、スモーキーさも落ち着いてバニラ香が強くなってきます。味わいについては、アメリカンオークのウイスキーと聞いて想像するような味になっていました。

このタルフレーバー、**マドラーのように使えば、即席で香りを楽しむこともできる**そう。1回目2回目と少しずつ風味は弱くなっていきますが、表面を削って火であぶれば、効果が戻り再度使えるようです。

ウイスキーを飲みなれて好みがわかってきたら、タルフレーバーで自分好みの味を追求するのも面白いかもしれません。

CROSSROAD LABの視聴者の皆様からのアンケートを集計。そのコメントで作成しています。

初心者必見

ブレンデッドスコッチランキング

1位 シーバスリーガル ミズナラ 12年 ［305票］

視聴者コメント

・シーバスリーガル ミズナラでウイスキーハマりました！

・クセがなく、初心者でも飲みやすいと思います。

・唯一飲むブレンデッドスコッチです。特にハイボールが美味！　もともとウイスキー嫌いだった自分をウイスキー沼に連れてきてくれた1本です。

・ミズナラの香りによって樽熟成の奥深さに気付かされ、ウイスキー沼に落ちていくきっかけとなりました。ミズナラフィニッシュを味わう上では入手性が高いのでおすすめです。

・箱のミズナラの文字がかっこよくて惹かれて買ったら、甘くて飲みやすくてこれからウイスキーにどんどんハマっていきました。

DATA

40%／700ml／シーバスブラザーズ／ペルノ・リカール・ジャパン

マスターから一言!

私にとってはかなりのダークホースでしたね。シーバスのミズナラはもっと下だろうなと思ってましたがまさかの1位！　僕の認識と世間とのズレがわかりました（笑）

2位 ジョニーウォーカー ブラックラベル 12年 ［292票］

視聴者コメント

・ジョニ黒は手頃な価格で楽しめる1本。飽きの来ない常飲ボトルで、私は主にハイボールで楽しみます。

・スモーキーさもありバランスが取れたウイスキー。

・家飲み万能選手。2000円台前半で手に入り、ストレートやロック、ハイボールなどなんでもできます。

・ブレンデッド・スコッチウイスキーの評価に欠かせない味のバランスが絶妙に最高。ザ・ウイスキーという味を感じられます。

・アルコールの辛みを感じさせず、しっかりとしたコクとピートの香りで飲みごたえがあります。

・スモーキー度合いが絶妙で、比較的低価格なのもグッドです。

DATA

40％／700ml／ディアジオ／キリンビール

マスターから一言!

実家が酒屋だったこともあり、小さい頃からなじみのある銘柄。もしかしたら私が一番最初に認識したウイスキーかもしれません。販促グッズが山ほどあったので、ストライディングマンには思い入れがあります。

※アンケートは①現行品に限る、②約10000円以下で買えるもの、③ブレンデッドモルトは除外という条件で募集しました。

5位 バランタイン 12年［138票］

視聴者コメント

- ストレートやロックで飲めるウイスキーのスタートラインだと思います。
- ハイボール、トワイスアップ、ストレート、どんな飲み方をしても最高です。値段も手頃なのでウチのメインボトルです。
- 飲みやすくもあり味わう度に違うフレーバーが感じられるようになって、面白いなって思います。

マスターから一言!
ファイネストから少しランクアップしたような感覚で飲めるのがいいですね。

DATA
40%／700ml／ジョージ・バランタイン&サン／サントリー

6位 バランタイン ファイネスト［136票］

視聴者コメント

- 同じ価格帯にライバルがいるとは思えないです。
- こんなに美味しいウイスキーはコスパがいいどころではなく、反則レベル！
- ウイスキーはこんなに美味しいお酒だったのかと衝撃を受けました。
- ウイスキーにハマるきっかけになった1本です。
- コストパフォーマンスのよさはピカイチです。

マスターから一言!
スコッチウイスキー世界２位の販売数量を誇る「バランタイン」シリーズのエントリー銘柄。

DATA
40%／700ml／ジョージ・バランタイン&サン／サントリー

3位 バランタイン 17年［222票］

視聴者コメント

- ザ・スコッチと言われるだけあり、クセのないフレッシュな甘みと口いっぱいに広がる華やかな香りが美味です。
- 5000円前後でこれだけ熟成感を感じられるものはなかなかないと思います。
- バランタイン17年はブレンデッドでは一番好きです！ バニラのような甘ーい香りで幸せになります。

マスターから一言!
余韻にシェリー感がありフルーティー。ちょっとドライなんですけど、それがまたいいですね。

DATA
40%／700ml／ジョージ・バランタイン&サン／サントリー

4位 ティーチャーズ ハイランドクリーム［180票］

視聴者コメント

- スモーキーなのに甘みもある感じがすごくいいです。
- この価格にして、このピート香とコク。晩酌での最高の友です。
- スモーキーなウイスキー好きの自分にとってのデイリーボトルで、コスパも最高な1本です。ハイボールでも香りや風味が失われない点も素晴らしいと思います。

マスターから一言!
コスパがすごい！ スモーキーなウイスキーが好きな人が特に好むウイスキーですよね。

DATA
40%／700ml／サントリー

9位 オールドパー 12年

［97票］

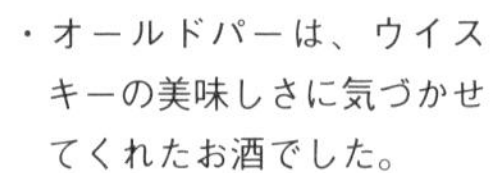

視聴者コメント

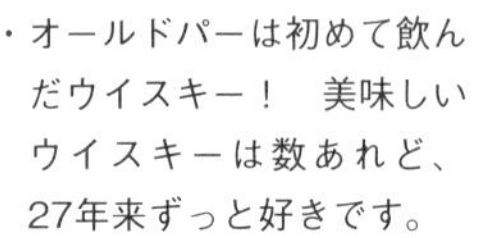

- オールドパーは、ウイスキーの美味しさに気づかせてくれたお酒でした。
- オールドパーは初めて飲んだウイスキー！　美味しいウイスキーは数あれど、27年来ずっと好きです。
- オールドパー 12年の旨みは、食事にとても合うように思っています。飲み方も選ばないオールマイティーさが魅力です。

DATA

40%／750ml／マクドナルド・グリンリース／MHD モエ ヘネシー ディアジオ

マスターから一言!
もっとも定番のオールドパーでもあり、昭和の時代、高級スコッチの代名詞でした。

7位 シーバスリーガル 12年［117票］

視聴者コメント

- 初心者さんにもおすすめできる1本です。
- ハイボールにするとさわやかでとても美味しいと思います。
- 安くて美味しいから常飲ボトルにしています。
- 当たり障りがなさすぎますが、これぞ王道という味わい。父のお気に入りだったのが、自分のお気に入りにもなりました！

DATA

40%／700ml／シーバスブラザーズ／ペルノ・リカール・ジャパン

マスターから一言!
リンゴやハチミツの味わいが人気の秘密。熟成感から来るなめらかな余韻が特徴です。

10位 ホワイトホース ファインオールド
［93票］

視聴者コメント

- 「ホワイトホース」は生活の一部です。
- ハイボールが好きです。コスパもよく、少しのスモーキーさがいいアクセントになって美味しく感じます。
- かなり加水しても特徴が出るように思えるので、アルコール感が苦手な人でも美味しく飲みやすい1本です。
- 居酒屋のハイボールで慣れ親しんだ味です。

DATA

40%／700ml／ディアジオ／キリンビール

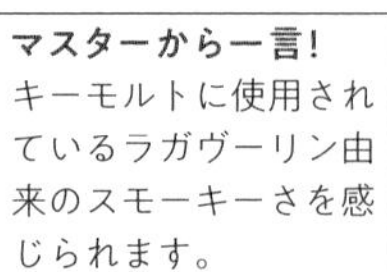

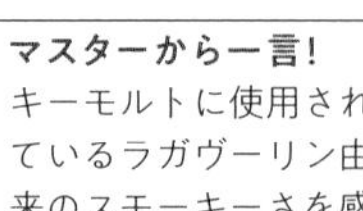

マスターから一言!
キーモルトに使用されているラガヴーリン由来のスモーキーさを感じられます。

8位 デュワーズ12年
［98票］

視聴者コメント

- ブレンデッドスコッチのよさを堪能できます。
- コスパよすぎです！　試しに普段あまりウイスキーを飲まない家族にハイボールを作ったら香りのよさに驚いていました。
- デュワーズ12年のハーフロックは誰でも飲みやすい口あたりです。
- ナッツやバニラの香りがよく、熟成感が好きです。

DATA

40％／700ml／ジョン・デュワー＆サンズ／バカルディ ジャパン

マスターから一言!

ここ数年人気急上昇の銘柄でスコッチを代表するようなバランスのよさが人気の理由ですね。

21位 ホワイト＆マッカイ トリプルマチュアード ［21票］

低価格帯とは思えぬまろやかでリッチな飲み口に、ブレンダーの手腕の凄みを感じます。／この価格帯とは思えないシェリー感が素晴らしいです。

22位 オールドパー スーペリア ［19票］

高価格ですが、納得の美味しさだと思います。／上質な熟練の味わいが楽しめます。ボトルも高級感があって見ているだけで楽しいです。

23位 ジョニーウォーカー 18年 ［18票］

満足感が素晴らしいです。／非常に穏やかな飲み口で、スッと馴染むように飲めます。ほんのりピートが効いているのも心地よいです。

23位 VAT69 ［18票］

低価格ながら、ハイボールにすれば美味しくなります。／漫画の影響ですがボトルに付随するストーリー、歴史で選ぶことも多いです。

25位 ブラック＆ホワイト ［15票］

甘い香り、適度なピート、ウイスキーらしい風味のバランスが理想的です。／価格や飲みやすさでウイスキー初心者にもおすすめできます。

26位 ブラックボトル ［14票］

スモーキーだけどバランスがよい！　ハイボールに最高です。／ロック、ハイボールで飲んでいますがピートのバランスが秀逸です。

26位 ジョニーウォーカー ゴールドリザーヴ ［14票］

個人的にシリーズの中で一番飲みやすいと思います。／レッドからブラックの延長線上にあるブレンドのグレードアップをしっかりと感じられます。

28位 デュワーズ 15年 ［13票］

12年が口に合わず、恐る恐る買った15年だったので特に印象的でした。／トロピカルな風味とフローラルさが美味しいです！

28位 クレイモア ［13票］

少しのクセと少しのスモーキーさがあり、とにかく900円台と安くて毎日飲めます。／とにかく甘いのを飲みたいなら。香りだけでも楽しめます。

30位 ロングジョン ［12票］

低価格で常飲しています。買いだめしやすく、ちゃんとスモーキー感があって好きです。／1000円前後で買えるコスパのよさ。ハイボールに◎です。

11位 デュワーズ　ホワイト・ラベル ［90票］

さっぱりとして飲みやすく、デイリーとして常備しています。／抵抗なく飲めました。お酒が弱い人にもおすすめできるのではないでしょうか。

12位 カティサーク ［86票］

安価な価格帯で常備しているのはこのウイスキーだけです。／安くて飲みやすく、いっぱい飲んでも罪悪感が少ないです。

13位 ジョニーウォーカー レッドラベル ［65票］

どんなスーパーでも低価格で入手でき、味も個人的に好きです。／まだウイスキーを全然知らないときに飲んで、香りや味わいに衝撃を受けました。

14位 シーバスリーガル 18年 ［63票］

ちょっと贅沢したいときに飲みます。／フルーティーでアルコール感が少なく飲みやすいです。18年ものなのにコスパがよく、切らさず常備してます。

15位 ベル ［54票］

価格は安いのに、かなり深みのあるスモーキーさを味わえます。／ブレンデッドは飲み口が軽いものが多いですが、ベルは重厚でリッチな印象。

16位 シーバスリーガル 18年 ミズナラカスク フィニッシュ ［53票］

ストレート、水割り、ハイボールとどう飲んでもも美味しかったです。／スモーキーさがありアイラ好きの私に合っていて美味しかったです。

17位 ジョニーウォーカー ダブルブラック ［50票］

思ったよりも数倍煙くて驚きました。／ピートが強いですが、根底にジョニ黒もいるのでアイラやタリスカーっぽさがほしければおすすめです。

18位 バランタイン 21年 ［43票］

非常に洗練された味のように感じます。／大学時代に仲間と買った思い出の1本。私がウイスキーにハマるきっかけになりました。

19位 ホワイトホース 12年 ［36票］

ほどよいピート感でストレート、ハイボールどちらでも楽しめます。／和食と一緒にストレートで飲める！　でしゃばらない美味しさがあります。

19位 フェイマスグラウス ［36票］

甘みやシェリー感が強く、普通のハイボールとはまた別の飲み物になると思います。／フェイマスグラウスのハイボールがとても好きです！

ウイスキーの基礎知識
シングルモルトとは？

ボトルの年数表記は最低熟成年数

ご存じのとおり、ひとつの蒸溜所で造られたモルトウイスキーが、シングルモルトウイスキーです。

さらに具体的な話、ひとつの蒸溜所では毎年いろいろな樽を仕込んでいるので、ものすごい数の樽があるわけです。そのモルト原酒同士を一般的にはブレンドします。

たとえば、10年熟成の樽、12年熟成の樽、15年熟成の樽、それを全部混ぜてひとつの味を作ります。そうすると、10年表記がラベルに記載されるわけです（年数表記を書かない場合もあります）。たとえば「グレンフィディック12年」は12年の樽だけを混ぜたものではなくて、12年以上熟成したモルト原酒をブレンドしているということです。なのでもしかしたら、20年以上熟成した原酒も使われているかもしれません。

そして、日本のものに特に多いのですが、ノンエイジと呼ばれる年数表記のないものもあります。これは、基本的には若い原酒が使われていることが多いのかもしれません。

ノンエイジにすることにより使える原酒の熟成年数に制限はなくなりますので、より自由に原酒を選ぶことができるというメリットもあります。年数表記のないもので熟成感をしっかり感じることのできるシング

ひとつの蒸溜所　　**大麦麦芽**

シングルモルトの「シングル」はひとつの蒸溜所という意味。ひとつの樽という意味ではありません。ふたつの蒸溜所で造られたモルト原酒をブレンドしたらシングルモルトにはならないのです。

例えば……

10年熟成 ＋ 12年熟成 ＋ 15年熟成

→10年表記のウイスキー

一般的には年数表記に10年熟成と書いてあったら、それは10年以上熟成させた原酒が入っているということ。一方、あえて年数表記をしないノンエイジタイプの銘柄もあります。

ルモルトはたくさんありますし、高級な銘柄もたくさんあります。

　シングルモルトスコッチの場合、スタンダードボトルは、年数表記がされているものも多いですが、ノンエイジで、そのウイスキーの特徴が表記されていることも多いです。たとえば「ラフロイグ」だったら「ラフロイグ・セレクト」など、副題がついているものもあります。

スコッチウイスキーは使う樽で個性が出る

今度は樽の話です。たとえば「グレンフィディック12年」と「グレンフィディック18年」は熟成年数が違うだけではありません。実は、使っている樽の種類など原酒の種類も異なります。だから、12年が好きだからといって、18年も好きになるとは限らないのです。製品化されている「グレンフィディック12年」をプラス6年熟成しても製品版の「グレンフィディック18年」にはなりません。樽も違えばブレンドの内容も変わるからです。

　また、熟成樽はスコッチの熟成に使われたのが何回目かでファーストフィル、セカンドフィルと呼び名が変わります（2回以上使った樽をリフィルといいます）。ファーストフィルというのはまだ一度もスコッチの熟成に使われていない樽のこと。もちろん、その前にシェリーやバーボンは入っていましたが、スコッチを入れるのは初めてという樽です。初めてゆえに樽の個性が強く出るので、必ずしもファーストフィルがいいとは限りません。

　たとえば「ザ・グレンリベット12年」も樽構成はとても複雑とのことで、ファーストフィルのほか、セカ

「グレンフィディック12年」と「グレンフィディック18年」は熟成方法、原酒の種類が違います。

グレンフィディック12年

アメリカンオーク樽とヨーロピアンオークのシェリー樽で最低12年、丁寧に熟成させてからさらに後熟。

グレンフィディック18年

最低18年熟成されたスパニッシュオロロソシェリー樽原酒とアメリカンオーク樽原酒を厳選してブレンド。その後、最低3カ月の後熟。

「グレンフィディック12年」をさらに熟成させたからといって「グレンフィディック18年」になるわけではないことがわかります。

「グレンゴイン10年」と「グレンゴイン21年」。熟成年数はかなり違いますが好みは分かれます。

ンドフィルやサードフィルの原酒をブレンドして一番よいバランスになるよう、調整しているようです。

個性が強すぎるものは別銘柄としてリリースする場合も多いです。

熟成年数は長ければよいものでもない？

もうひとつ、ありがちな誤解が熟成年数は長ければ美味しいというものです。ここに「グレンゴイン10年」と「グレンゴイン21年」があります。「グレンゴイン10年」と「グレンゴイン21年」は熟成年数がかなり違いますが好みは分かれます。「グレンゴイン10年」はファーストフィルが30％に対してリフィル樽が70％入っており、強く個性を出しすぎないようにしているわけです。一方、「グレンゴイン21年」はファーストフィルのヨーロピアンオークのシェリー樽１００％です。

なので、10年が「飲みやすくて美味しいな」と感じる方でも、21年は「個性が強すぎ」と感じる方がいらっしゃるかもしれません。必ずしも年数表記だけで判断はできないということです。年数表記だけを見て、「グレンゴイン10年」の上位互換が「21年」だと思わないほうがいいのです。

気になる場合は両方試すのがよいでしょう。

しかし共通点もたくさんあります。同じ蒸溜所で造られたウイスキーなら、蒸留設備や原料の種類などが同じ場合も多いので、年数違いで比べていくのはそれはそれで面白いと思います。樽の違いやブレンドの違いがわかりやすく明記されていることも多いシングルモルトならではの楽しみともいえます。

そのウイスキーのバックグラウンドに思いを馳せて、想像力を膨らませて飲むと、シングルモルトが今以上に楽しめると思います。

「ザ・グレンリベット12年」はさまざまな樽をブレンドしてスタンダードな味を作りあげています。

Column

初心者も必見 ブレンデッドモルトのおすすめと解説

ピュアモルト禁止の訳

複数の蒸溜所のモルト原酒を合わせたのがブレンデッドモルトウイスキー。ブレンデッドウイスキーと違いグレーンウイスキーは入っておらず、原料は大麦麦芽100%です。

日本の代表的なブレンデッドモルトといえば「竹鶴ピュアモルト」ですが、このピュアモルトという表記は、日本独自のものと思われがちですが違います。

その昔、「カーデュ12年」というシングルモルトが大人気になり原酒不足になったことがあります。その際に他の蒸溜所の原酒をブレンドして「カーデュ12年ピュアモルト」という名前で発売しました。しかしデザインが似ていたこともあり明らかに買い手が混同すると問題になります。それからピュアモルトという表記は使われなくなりました。

その後生まれたのが、ヴァッテッドモルトという言葉。こちらも「シングルモルトも複数の樽をヴァッティングするのが一般的」なので**わかりづらい**と、議論が起こり使われなくなったそうです。今ではスコッチウイスキーの規則で正式に表記が禁止されています。なお、80年代に流通したシングルモルトにはピュアモルトと書いてあるものが多くあります。これは大麦麦芽のみで造ったピュアなモルトという意味で使っていたようで、ほとんどがシングルモルトだったようです。

人気の定番ブレンデッドモルト「ジョニーウォーカー グリーンラベル 15年」。

定番銘柄は?

ニッカウヰスキーには「竹鶴ピュアモルト」、「ニッカ セッション」の他、蒸溜所限定の「ピュアモルト ブラック」と「ピュアモルト ブラック」があります。前者は宮城峡原酒主体に余市原酒をブレンド、後者はその反対です。秩父蒸溜所の「ミズナラウッドリザーブ」、「ダブルディスティラリーズ」、「ワインウッドリザーブ」、長濱蒸溜所の「アマハガン」シリーズなどもブレンデッドモルトでは定番になりました。

スコッチでは超定番の大人気ブレンデッドモルト「ジョニーウォーカー グリーンラベル 15年」や「バランタイン12年 ブレンデッドモルト」、アイラモルトのみをブレンドした「ビッグピート」など個性的なものも多くコンパスボックスのようなブレンデッドモルトを中心に発売するボトラーズもあります。

CROSSROAD LABの視聴者の皆様からのアンケートを集計。そのコメントで作成しています。

300人が選ぶシングルモルトランキング

1位 サントリー白州 [722票]

視聴者コメント

- 青リンゴ感、清涼感、森林感、疲れた身体をリフレッシュさせてくれるそんな１本。ジャパニーズの中で一番本来のコンセプトにマッチしていると思います。
- 青リンゴ感がさわやかで、ロックかハイボールでヘビロテしています。ウイスキーをあまり飲んだことがない人に飲んでもらうことでウイスキーの美味しさを伝えるのにもってこいだと思います。
- 白州ハイボールは本当に唯一無二の味。他のジャパニーズ、スコッチではない圧倒的なさわやかさがあり、「森薫るハイボール」とはよく言ったものだと思います。
- 白州はハイボールにして、鰻やだし巻き、肉じゃがなどの和食に合わせて飲むと極上の幸せです。

マスターから一言!
やっぱり人気がありますね！　堂々の１位です。バーボン樽原酒を主体にブレンド。どんな飲み方でも人気があります。近年はミニボトルの販売もあるため、その影響で飲まれている方も多いと思います。

DATA
43%／700ml／白州蒸溜所／サントリー

2位 アードベッグ 10年 [536票]

視聴者コメント

- 甘い余韻と強烈なピートが絶妙な1本。アードベギャンが世界中に生まれるのもうなづける、クセが強くもバランスのよい、虜になるウイスキーです。
- アイラの中でも、ピートは強いものの甘めなせいもあってか、ストレートでもハイボールでも気軽に味わえるところがいいです。また、しめ鯖などの酢で〆た魚介との組み合わせはスモークしたような味わいで、意外にもマリアージュの楽しめるウイスキーです。
- ピート香というよりも、燻製香寄りのスモーキーさがガツンと来ます。舌がビリビリするほどの衝撃があった後にフルーティーな香りと甘さが来て、何分もスモーキーさが鼻と口に残ります。

マスターから一言!
「アードベッグ」と言ったらこれですね。10年以上熟成したバーボン樽原酒をブレンドした一番のスタンダード銘柄で、カルト的な人気を誇っています(笑)。「アードベッグ」ファンのことをアードベギャンというのも有名です。

DATA
46%／700ml／アードベッグ蒸溜所／MHD モエ ヘネシー ディアジオ

※アンケートは①現行品に限る、②約10000円以下で買えるもの、③ボトラーズものは除外という条件で募集しました。

5位 ラフロイグ10年 [402票]

視聴者コメント

- 明日から水道をひねったら「ラフロイグ」が出てきてほしい。それくらい好き。
- 飲んだときは「あぁ最高だった。もうしばらくラフロイグはいいかな」となるのに、2〜3日もすると「次はラフロイグ飲みたいなぁ」となる不思議な1本。
- 無人島に3本持って行けるなら……ラフロイグ10年を3本持って行きます。

DATA
43%／750ml／ラフロイグ・ディスティラリー／サントリー

マスターから一言!
実は現在、当店でもっとも注文が入る人気のシングルモルトの1つです。

3位 サントリー山崎 [446票]

視聴者コメント

- トワイスアップにしてグラスを口元に近づけるとそれだけで幸せな気分に。
- ジャパニーズシングルモルトで一番を挙げるならばこれ。なかなか定価では買えませんが、運よく見かけたときは押さえておきたい1本。
- ジューシーなモルト感と甘味が強く、重厚感があるのに飲みやすくて水割りにすると和食に合って最高。

DATA
43%／700ml／山崎蒸溜所／サントリー

マスターから一言!
ミズナラ樽原酒のほかワイン樽原酒が使われているのも特徴のひとつです。

シングルモルト余市 [376票]

視聴者コメント

- 今では世界でもめずらしい石炭直火蒸留から造られたウイスキーが飲めるのはとても貴重。かすかなスモーキーさとフルーティーな香りのバランスがいいです。
- どのような飲み方をしても個性を失わないのがいい。
- ウイスキー初心者でシングルモルトはあまり飲んでいませんが、白州と余市はさわやかで美味しかったです。

DATA
45%／700ml／余市蒸溜所／アサヒビール

マスターから一言!
ピートが効いたしっかりとした力強い酒質とフルーティーさが感じられます。

タリスカー10年 [426票]

視聴者コメント

- アイラウイスキーとは違うピート香で潮の香り、甘味のバランスのよさが好き。
- 塩の香りの中に、甘いフルーティーさが心地よい。味も衝撃的でありながら、繊細な甘さがそこにあるのがいい感じです。
- 海の香りと甘さ、スモーキーさのバランスが最高。ハイボールの美味しさは格別で、常に置いておきたい。

DATA
45.8%／700ml／タリスカー・ディスティラリー／MHD モエ ヘネシー ディアジオ

マスターから一言!
潮感やスモーキーさがありクセはありますが、その分ハマると抜け出せない1本です。

アラン10年
[276票]

視聴者コメント

・バーボン樽由来の柑橘感がベースですが、シェリー樽由来の甘く煮たフルーツ感があり、4000円程度とコスパも抜群。ストレートでもハイボールでも美味しい。

・自分の中で、アランはストレートで飲んで美味しいスコッチです。コスパも最強で、近くのリカーマウンテンで4000円以下で購入できるので最高です！

DATA
46%／700ml／アラン蒸溜所／ウィスク・イー

> **マスターから一言!**
> 品薄状態のときもあるくらい大人気。デザインのキャッチーさも人気の理由です。

7位 ラガヴーリン16年
[374票]

視聴者コメント

・口の中で何度も移りゆく複雑な味わいが最高。その日の体調によって味が変わるのも面白く、ここまでゴージャスな味が1本1万円以下で買えるなんて！

・他のアイラモルトとは一線を画す存在感があり、食後にじっくりストレートで楽しみたい1本です。

・ラガヴーリン16年は、素晴らしすぎます。

DATA
43％／700ml／ラガヴーリン・ディスティラリー／MHD モエ ヘネシー ディアジオ

> **マスターから一言!**
> 「アイラの巨人」の名にふさわしい、重厚な味わいのアイラモルトです。

グレンフィディック12年
[256票]

視聴者コメント

・ウイスキーを始めたての人にもおすすめしやすいテイストと価格帯で、自分も特に気に入っている1本です。

・しっかりスコッチの香り、味わいを堪能できるバランスとコスパのいい1本。

・12年熟成ながら3000円くらいで入手できる手軽さと、華やかで洋ナシのようなフルーティーな味わいが個人的には最高だと思います。

DATA
40%.／700ml／グレンフィディック・ディスティラリー／サントリー

> **マスターから一言!**
> 世界でもっとも売れているシングルモルト・スコッチです。クセもなくさわやかな味わい。

8位 ボウモア12年
[81票]

視聴者コメント

・このボトルでアイラ系にハマりました。今では必ず常備していて、防災袋にも1本入れてます（笑）

・香り、味わい、ピート感、コストパフォーマンス、どれを取っても素晴らしいバランスで整えられている！

・アイラの入門と紹介されていたので試してみたところ、焚き火を飲んでいるようなスモーキーさに驚き。

DATA
40%／700ml／ボウモア ディスティラリー／サントリー

> **マスターから一言!**
> アイラモルトの代表的な1本。ドライなスモーキーさと上品なフルーティーさの融合。

21位 ブルックラディ ザ・クラシックラディ [115票]

アイラのよさはピートだけではないことがわかる奥深さがいいです。／柔らかい味わいとハイボールで現れる青リンゴ系のすっきり感がたまらない。

22位 カリラ 12年 [114票]

直球の煙さ。なぜか感じる塩辛さ。マッチョな海の漢（おとこ）って感じのお酒です。／コスト、味、入手しやすさのトータルバランスが非常にいい。

23位 シングルモルト宮城峡 [110票]

ハイボールにするとまるでリンゴ果汁が入っているようなさわやかさでとても感動しました。／とても美味しいと思います。ストレートがおすすめ。

24位 ポートシャーロット 10年 [106票]

スモーキーさの奥にあるトロリとした濃厚なハチミツのような甘さがとても魅力的な1本。／上品で落ち着いた感じで、万人におすすめしたいです。

25位 ザ・グレンリベット 18年 [104票]

甘く濃厚でフルーティーですが、渋みやスパイシーさも感じられます。／最高にコスパのいい18年物。ストレートですでに完成しています。

26位 キルホーマン マキヤーベイ [92票]

アイラ特有のピート香と若々しさから来る軽すぎず重すぎない味がすごくバランスが取れていると感じます。／生涯付き合っていきたい1本です。

27位 キルケラン 12年 [89票]

5000円前後の価格帯で一番完成度が高いと思う1本。／ここから好きなベクトルを伸ばしていけば必ずお気に入りの1本が見つかると思います。

28位 グレンファークラス 12年 [86票]

シェリー樽熟成由来のさわやかな風味が存分に味わえる上、手頃な価格で最高。／味わいのバランスが絶妙で、私にとって欠かせない1本です。

29位 グレンアラヒー 12年 [80票]

飲んだ瞬間その濃厚な甘さに驚きました。／シングルモルトを飲み始めて1年半位ですが、中でもグレンアラヒー 12年は衝撃的な美味しさでした。

30位 ダルモア 12年 [72票]

一言で言うなら「大人のお酒」。これを飲むときは、妙に姿勢がよくなります(笑)。／クセがなく、ドライフルーツのような甘味を楽しめます。

11位 ザ・グレンリベット 12年 [252票]

何杯でもゴクゴク飲めそうなハイボールが最高です。／シングルモルト入門のきっかけで、今でも一番美味しいと思っています。

12位 グレンドロナック 12年 [244票]

甘さや酸味、渋みも感じられるので初めて飲んだとき素直にすごいと思いました。／ネガティブなえぐみもなく、上品な甘みと香りがとても好き。

13位 グレンモーレンジィ 10年 [224票]

クセが少なくて飲み方を問わず、ストレート、ロック、ハイボール、何でも美味しい！／さわやかかつ心地よい甘さに感動し、一番好きになりました。

14位 ザ・マッカラン シェリーオーク 12年 [220票]

シェリー樽好きからすると最高峰のウイスキー。ストレートでもロックでも上品な味わいが最高です。／結局これが一番好きです。

15位 クライヌリッシュ 14年 [206票]

甘さと爽やかさのバランスが最高で、ハイボールにしたら、個人的に一番です。／初めて飲んだとき、無意識に感嘆の声をあげていました（笑）

16位 アラン シェリーカスク [182票]

アランはシェリー樽の使い方が非常にうまいと思います。／パンチがありながらも、濃厚なシェリー樽由来の甘さが口の中いっぱいに広がります。

17位 アードベッグ ウーガダール [176票]

ピーティーかつ甘く、シェリー & スモーキーの最高峰。加水すると本領を発揮します。／モルト由来の甘味と、ピート香のバランスが絶妙です。

18位 スプリングバンク 10年 [172票]

香水とも例えられる香りをいい意味で裏切ってくる、潮風を思わせる味わいは唯一無二です。／バンクはどれを飲んでも美味しいです。

19位 ハイランドパーク 12年 ヴァイキングオナー [154票]

ついつい手に取ってしまい他のウイスキーを買う機会を先延ばしにさせられる問題児（笑）。／キノコを思わせるスイートな香味がクセになります。

20位 グレンファークラス 105 [128票]

今まで飲んだハイボールの中でダントツで美味しいと思いました。／飲み方を選びませんが、やはりストレート（加水）がマストです。

バーボンウイスキーの定義

原料の５１％以上がトウモロコシ

バーボンウイスキーのもっとも重要な定義が原料のトウモロコシが51％以上であること。トウモロコシ由来の風味が特徴のひとつ。

内側を焦がしたオークの新樽で熟成

バーボンは内側を焦がしたオークの新樽で熟成するのもポイント。樽の内側を焦がすことをチャーといい、焦がしたことによるバニラ香など独特の風味が生まれます。また原酒の嫌気成分も吸着してくれます。

その他の定義

その他には以下のような定義が連邦規則集で定められています。

- アメリカ合衆国で製造されていること
- 80％以下の度数で蒸留されていること
- 熟成のために樽に入れる前のアルコール度数は62.5％以下であること
- 製品として瓶詰めする場合のアルコール度数は40％以上であること

もっとも有名なのがバーボン

アメリカンウイスキーというのは、アメリカで造られるウイスキーの総称です。ウイスキーは蒸留酒なので、基本的には蒸溜所で造られますが、アメリカには各州に1軒は必ず蒸溜所があり、全体で２０００軒近くあるといわれています。

アメリカンウイスキーにはさまざまなカテゴリーがあるのですが、その中で一番有名なのが「バーボン」です。そして、バーボンの定義で重要なのが、①原料の51％以上がトウモロコシ、②熟成は内側を焦がしたオークの新樽を使う、という2つ。とりあえず、これだけ覚えておけば大丈夫です。

スコッチやジャパニーズウイスキーは熟成するときに、バーボンやシェリーを熟成した古樽を使うことが一般的です。しかし、バーボンは新しい樽を使わなければいけない、このことを覚えておくと、バーボンを理解しやすいのではと思います。

次に原料ですが、トウモロコシが51%以上ということは他の原料も使われます。ライ麦、大麦、小麦などの穀物です。この原料の構成比率のことを、アメリカンウイスキーでは「マッシュビル」といいます。マッシュビルを公開しているメーカーや蒸溜所もあるので、原料比率で自分の好みに合うかどうかを参考にすることもできます。

もちろん、味はマッシュビルだけでは決まりません。蒸留方法や発酵過程、熟成方法などさまざまな風味に影響する要因があり、マッシュビルが同じでも味が同じとは限りません。また、バーボンはケンタッキー州で造られなければいけないと勘違いされている方も多いようですが、条件さえ満たしていればアメリカ中どこで造ってもバーボンを名乗れます。ちなみに、ケンタッキー州で造られたバーボンには「ケンタッキー

マッシュビル

「ウッドフォードリザーブ」のマッシュビルはトウモロコシ72%、ライ麦18%、大麦10%。

「メーカーズマーク」のマッシュビルはトウモロコシ70%、冬小麦16%、大麦14%。

「ウッドフォードリザーブ」と「メーカーズマーク」のマッシュビルを比べると「メーカーズマーク」はライ麦の代わりに冬小麦が使われています。「メーカーズマーク」の独自の甘さはこの小麦由来のものかもしれません。

4つの穀物を使ったウイスキーもある

トウモロコシ、ライ麦、小麦、大麦の4つの穀物が使われたウイスキーもあります。たとえば「ウッドフォードリザーブ フォーグレーン」。まさに、フォーグレーンは4つのグレーン（穀物）を使ってますという意味。他に有名なものに「ユニオンホース ローリングスタンダード フォーグレーン」などがあります。

バーボン」と書いてあります。なお、バーボンのうち、90%以上がケンタッキー州で造られているので、勘違いされるのも仕方がないかもしれません。

熟成はダイナミックに進む

アメリカでは熟成時に樽を30段くらい積む蒸溜所も。1年の原酒の減少も一番上の樽で8～10%、下の樽で2～3%と進み方が異なる場合もある。

ひとつの蒸溜所でたくさんの銘柄を造ることも

熟成年数についてですが、バーボンでは最低熟成年数は決まっていません。なので、実際にはありませんが、1カ月でも1週間でも、それこそ30秒でも樽で寝かせれば、バーボンとして商品化できます。また、樽についてですが、オークの新樽といってもアメリカンオークでなくても問題ありません。他の国のオークでも内側を焦がした新樽ならバーボンになります。

ところで、一番売れているバーボンの銘柄は「ジムビーム」ですが、一番売れているアメリカンウイスキーは「ジャック ダニエル」です。実は「ジャック ダニエル」はバーボンではなくて、「テネシーウイスキー」というカテゴリーです。と

テネシーウイスキー

バーボンとテネシーウイスキーの違いは2つ。まず、テネシー州で造っていること。もうひとつがサトウカエデという木の木炭を使って熟成前に一度ろ過することです。サトウカエデの木炭でろ過することでなめらかな味わいになるといいます。これも「ジャックダニエル」の人気の秘密かもしれません。

いっても製法に大きな差はなく、アメリカの連邦規則集ではバーボンの1分類にカテゴリーされています。

次はバーボンの蒸溜所について。左の写真のようにひとつの蒸溜所でたくさんの銘柄を造り分けているところが多いです。

もちろん、ひとつの銘柄しか造っていない蒸溜所もあります。「メーカーズマーク」や「ワイルドターキー」、「ジャックダニエル」、「フォアローゼズ」などがそうです。

一度、自分が好きな銘柄がどこの蒸溜所で造られているか、書き出してみるのも面白いかもしれません。意外と、同じ蒸溜所のバーボンを好んで飲んでいることもあります。

アメリカンウイスキーのさまざまなカテゴリー

アメリカンウイスキーにはバーボンやテネシーウイスキー以外にもいくつかカテゴリーがあり、使われる原料や製法でカテゴライズされています。ライ麦主体の「ライウイスキー」、小麦主体の「ホイートウイスキー」、大麦が主体の「モルトウイスキー」トウモロコシを主体にした「コーンウイスキー」などがあります。

多くのバーボンを造り分ける蒸溜所

ジムビーム蒸溜所

「ジムビーム」の他、「オールドグランダッド」、「オールドクロウ」「ブッカーズ」「ベイカーズ」「ノブクリーク」など。サントリーが所有。

バッファロートレース蒸溜所

「バッファロートレース」の他、「イーグルレア」「ジョージＴスタッグ」「E.H テイラー」「サゼラック」など。

ヘヴンヒル蒸溜所

「ヘヴンヒル」の他、「エヴァン・ウィリアムス」「ファイティングコック」「エライジャ・クレイグ」など。単一蒸溜所としては全米１位の生産量。

基本はその材料を51%以上使うということと、内側を焦がしたオーク樽で熟成することです。そうするとコーンウイスキーはバーボンと同じになってしまいますが、コーンウイスキーの場合はトウモロコシを80%以上使い、古樽または内側を焦がしていない新樽で熟成するという定義があります。

最近はキヌアやキビで造られたアメリカンウイスキーもリリースされています。アメリカン・ブレンデッドウイスキーというものもあり、こちらはストレートウイスキー20%以上に他のウイスキーまたはスピリッツを混ぜたもので、「シーグラム・セブンクラウン」という人気銘柄があります。ジンジャーエールやコーラで割って飲むのも人気です。

ブレンデッドバーボンというものもありますが、これはストレートバーボン50%以上に、他のウイスキーまたはスピリッツをブレンドしたものです。

フレーバードウイスキーは、ウイスキーにハチミツや紅茶などのフレーバーを加えたものです。アメリカではかなりの人気で、各社がこぞってこのフレーバードウイスキーを発売しています。

ライウイスキー

定義は①原料の51%以上がライ麦である、②内側を焦がしたオークの新樽で熟成する。「テンプルトンライ」「エズラ・ブルックス ライ」は90%以上ライ麦を使用しており、スパイシーな味わい。

ホイートウイスキー

ホイート＝小麦。定義は①原料の51%以上が小麦である、②内側を焦がしたオークの新樽で熟成する。代表銘柄は「トポ・ホイートウイスキー」。日本での流通は少ない。

モルトウイスキー

定義は①原料の51%以上が大麦である、②内側を焦がしたオークの新樽で熟成する。スコッチのモルトウイスキーは原料に大麦麦芽（モルト）を100%使用するのでスコッチとは定義が違う。

コーンウイスキー

定義は①原料の80%以上がトウモロコシである、②古樽または内側を焦がさない新樽で熟成する。有名な銘柄は熟成30日で出荷する「ジョージアムーン」や2年以上熟成された「メロウコーン」など。

アメリカン・シングルモルトとは?

実はアメリカにもスコッチのシングルモルトと同じ製法でシングルモルトウイスキーを造っている蒸溜所がたくさんあります。ウエストランド蒸溜所はギャリアナオークというめずらしい木を熟成に使用したり、「コーキゲン・シングルモルト」はメスキートという木のチップを用いて麦芽を乾燥させるなどオリジナリティにあふれています。

覚えておきたいバーボン用語

ここでバーボンのよく使われる用語を説明します。

まず「ストレート」。これは2年以上樽熟成すると表記することができます。もちろん、ストレートバーボンウイスキー＝2年熟成という意味ではありません。2年以上熟成という意味です。たとえば、「ワイルドターキー 8年」は8年以上熟成させたストレートバーボンウイスキーです。

次は「シングルバレル」。これはひとつの樽の原酒を瓶詰めしたもので、スコッチの「シングルカスク」と同じ意味です。そのほか、少数の樽をヴァッティングしてひとつの銘柄を作ることを「スモールバッチ」と言い、厳しい条件のもと造られたことを示す「ボトルド・イン・ボンド」という表記もあります。

最後にアメリカンウイスキーとスコッチのグレーンウイスキーの違いですが、グレーンウイスキーの場合、バーボンのような樽の指定や、原料の縛りがありません。スコッチのグレーンの場合は小麦が使われていたりもします。しかしスコッチ側から見るとバーボンもグレーンウイスキーと呼べるでしょう。

アメリカンウイスキーはスコッチに比べると低価格なものが多く、その分さまざまな銘柄を試しやすいと思います。是非、挑戦してみてください。

シングルバレル

ひとつの樽を瓶詰めしたものがシングルバレル。このため樽によって味が微妙に異なることも多々ある。ボトルには樽番号が書かれていることも。

スモールバッチ

少数の樽をヴァッティングして作るということ。必然的に少量生産になる。限定物に多く高価なバーボンも多い。

ボトルド・イン・ボンド（ボンデッド）

アメリカのストレート・ウイスキーのうち①熟成は４年以上②アルコール度数50％以上で瓶詰め③ひとつの蒸溜所が、ひとつの年の、ひとつの季節に蒸留した原酒である④樽は政府監督の保税倉庫で熟成したもの、という条件で製造されたウイスキー。「ジャックダニエル ボトルド・イン・ボンド」など。

CROSSROAD LABの視聴者の皆様からのアンケートを集計。そのコメントで作成しました。

初心者必見

1000人が選ぶバーボンランキング

1位 メーカーズマーク
[192票]

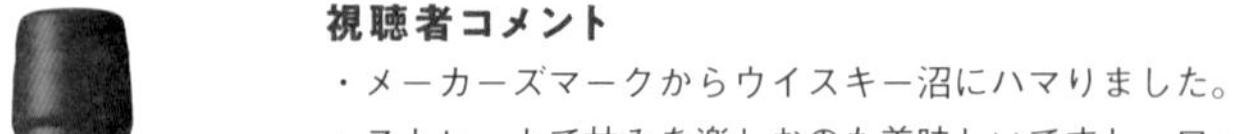
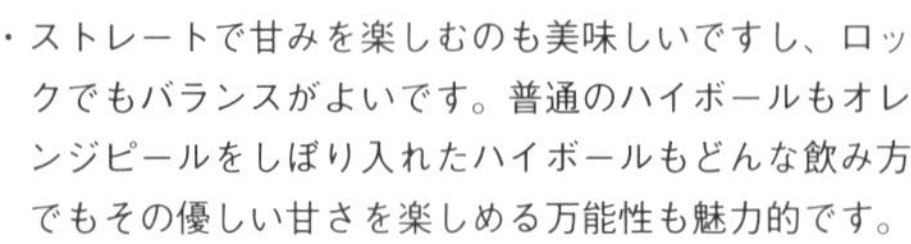

視聴者コメント

・メーカーズマークからウイスキー沼にハマりました。
・ストレートで甘みを楽しむのも美味しいですし、ロックでもバランスがよいです。普通のハイボールもオレンジピールをしぼり入れたハイボールもどんな飲み方でもその優しい甘さを楽しめる万能性も魅力的です。
・ウイスキーを飲み始めた頃、バーボンを飲んでみようと思って買った1本。見た目が特徴的なので、ジャケ買いみたいな感じでしたがとても美味しく、スコッチだけじゃなく、いろんなバーボンを飲もうと思ったきっかけになりました。
・いろいろバーボンを飲んだけど、美味しいと感じたのはメーカーズマークのみ！

マスターから一言!
メーカーズマークは原材料にライ麦ではなく冬小麦を使うことで、他の銘柄よりもまろやかで甘く飲みやすい口当たりに仕上げているのが特徴。熟成感も感じられ、ハイボールにしても味が損なわれません。

DATA
45％／700ml／メーカーズマーク・ディスティラリー／サントリー

2位 ワイルドターキー 8年
[173票]

視聴者コメント

・学生時代からの鉄板。飲み方を選ばず、知名度も抜群なので友達と飲むときも使いやすいです。
・甘さ以外にもスパイシーさが感じられ、アルコール度数が高くても非常に飲みやすく美味しいです。
・荒々しくトゲトゲしい力強さとともに、暴力的なまでのバニラ感が魅力だと思います。
・加水やロックで飲むと、キャラメルやバニラ、チョコレートのフレーバーが一気に広がってリラックスしたい夜長や休日にぴったり。ナッツやジャーキーと合わせてゆったりいただくのが最高です。
・13年なども飲みましたが8年が一番好き。スパイシーで美味しいです。

マスターから一言!
ワイルドターキー 8年は実は日本限定販売。アルコール度数50.5%の濃厚でパンチの効いた味わいに古くから多くのファンがいます。ラインナップも豊富なので飲み比べもおすすめです。

DATA
50.5%／700ml／ワイルドターキー蒸留所／CT スピリッツジャパン

※アンケートは①現行品に限る、②バーボンウイスキーのみ（テネシーウイスキーなどは除外）という条件で募集しました。

オールドグランダッド114 [88票]

視聴者コメント

- 高いアルコール度数と、それを感じさせないまろやかさが魅力です。
- コスパがすごい。ストレートは飲み慣れた人向けだけど、入門者にはハイボールやトワイスアップも。
- パワフルな飲みごたえやスペックを踏まえると、安い価格だと思います。
- ネットでしか買えないのが玉に瑕です。

DATA
57%／750ml／ビームサントリー／参考品

マスターから一言!

胡椒のような辛口のフレーバー。度数も高いがうま味もその分凝縮されています。

3位 ブッカーズ [105票]

視聴者コメント

- 洗練された完成度の高さに驚きました。ネガティブな要素がまったくない文句のつけようのない完璧なバーボンだと思います。
- こんなに美味しいお酒があるのかと感動しました。自分の中では一番好きなウイスキーです。
- 初見ではまず度数にビビりますが、アルコール感をそこまで感じさせません。

DATA
63.7%／750ml／ビームサントリー／サントリー

マスターから一言!

ジムビーム6代目ブッカー・ノウがビーム家のパーティーで振る舞うために造ったバーボン。

ブラントン [86票]

視聴者コメント

- ブラントンはジャケ買いしてみたら、あまりの美味しさに驚きました。一番好きなバーボンです。
- 一口目でその力強さに驚きました。個人的にはハードロックを聴くときに飲みたくなります。
- これを飲んだときは驚愕したものです。深く濃くまろやか。いまだにこの驚愕を超えるものとは会ってないです。

DATA
46.5 %／750ml／ブラントン・ディスティリング・カンパニー／宝酒造

マスターから一言!

芳醇で濃密な味わいはまさに至高。シングルバレルで造られたこだわりのバーボンです。

I.W.ハーパーゴールドメダル [99票]

視聴者コメント

- 初心者の私が一番美味しいと感じたのがこれでした。よくも悪くも平均的なバーボンという感じ。
- クセがなくバーボンの美味しいところだけを取ったような、それでいて飽きずに飲み続けられる味わいです。
- ハーパーソーダがとにかく美味しいです。クセがなく、甘くていくらでも飲めてしまいます。

DATA
40%／700ml／I.W.ハーパー・ディスティリング・カンパニー／ディアジオジャパン

マスターから一言!

ハーパーのソーダ割り、「ハーパーソーダ」が人気!　クセもなく飲みやすい1本。

7位 バッファロートレース［82票］

視聴者コメント

- バニラ香が強めで、低価格ですが高価なウイスキーにも劣らない味がします。
- ラベルや名前からは想像できないスムーズさとなめらかな甘さ、香り、余韻が大好きです。なかなか売っていないのが残念。
- クロスロード ラボで初めて知り購入したところ、とてもコクがあり美味しく、今では一番好きです。

DATA
45％／750ml／バッファロートレース・ディスティラリー／国分

マスターから一言！

名前からしてかなりパンチが効いているように思えますが、度数も低くソフトな味わい。

8位 I.W.ハーパー12年［81票］

視聴者コメント

- ゴールドより熟成感があり、43％でも飲みやすいです。コーンの比率も高くて甘いです。安い店では5000円程度で購入でき、コルクではないので、保存も便利です。
- 若い頃、格好つけて値段の高い12年を注文して飲んでみたら、あまりの美味しさにハマりました。クセがなく初心者には飲みやすい。

DATA
43％／750ml／I.W.ハーパー・ディスティリング・カンパニー／ディアジオ ジャパン

マスターから一言！
特有のコクと甘さ、なめらかな口当たり。トウモロコシの比率が高いのも特徴。

9位 ウッドフォードリザーブ［77票］

視聴者コメント

- ストレート、ロックはもちろん美味しいのですが、ソーダ割りにしても甘さや香りがしっかりしていて美味しいと思います。
- 上品な香りと味が晩酌のレベルを引き上げます。
- カラメルっぽい甘さとウッディな香ばしさがそれぞれ上品で最高です。スコッチ好きが飲んでいくバーボンだと思います。

DATA
43%／750ml／ブラウン・フォーマン／アサヒビール

マスターから一言！
上品な甘さでクセも少なく、なめらかな口あたり。近年人気が急上昇しています。

10位 ジムビーム［69票］

視聴者コメント

- 家でほぼ毎日飲むので業務用4Lペットで購入してます。
- 価格帯を上げれば美味しいものもありますが、この価格で荒っぽいバーボンを感じれるのは入門としてもよいし、自分もローコストの常備酒として活用しています。
- 味はまあ値段なりですが、ハイボールを濃い目に作ると美味しいです。

DATA
40％／700ml／ビームサントリー／サントリー

マスターから一言！
世界でもっとも売れているバーボンウイスキー。日本でもダントツの1位です。

21位 エヴァン・ウィリアムス 12年 [39票]

濃厚な味わいとバニラの香りがとてもよいです。／果物が入っているのかと思うような、強烈なフルーティーの香りがたまらなく好きです。

22位 イーグルレア 10年 [37票]

味のバランスがよく、カクテルにするにも嫌みが少なく相性がいいです。／とにかく飲みやすく、バーボン初心者におすすめしている1本です。

23位 ワイルドターキー スタンダード [34票]

リーズナブルでワイルドじゃないターキー。8年よりも優しい味わいで好きです。／パンチ力は弱いですが食事と一緒に楽しむにはもってこいです。

24位 ノアーズミル [32票]

度数を感じさせないなめらかさ。旨みを凝縮したようなバーボンです。／口当たりがよく、果実感を感じる豊かな味わいで，心地よい香りを感じます。

25位 ベイカーズ [29票]

ストレートで飲んで美味しいので気に入っている銘柄です。／ハイボールが最高に美味しい。パンチ力の強いバーボンです。

26位 フォアローゼズ・シングルバレル [28票]

香りなどの個性が一際力強く、とにかく心地のよい香りなのが印象的です。／後味にミントのようなさわやかな草木を感じ、クセになる味わい。

27位 ジムビームデビルズカット [24票]

ただただ美味いハイボールを飲みたいと追求した結果たどり着きました。／濃厚で美味しい！　家飲み最強コスパな1本です。

28位 ウッドフォードリザーブ ダブルオークド [23票]

香りはもうビックリするほど「木」。最初は戸惑いましたが飲んでいるうちにクセになってしまいました。／ハイボールでも存在感ばっちりです。

29位 スタッグ Jr. [20票]

衝撃的な美味しさでした。値段も衝撃的に高かったですが(笑)。／甘く重厚で刺激的な味わいに魅了されました。

30位 アーリータイムズ ブラウンラベル [19票]

低価格帯のバーボンの中でエステリー感が一番きつくなく、まろやかで飲みやすかったため、初心者向けでコスパがよいと思いました。

11位 フォアローゼズ [67票]

ふとしたときにストレートで華やかでフルーティーな香りに気づき、それ以来、虜です。／ボトルデザインが好きで、昔から常飲しています。

12位 エライジャ・クレイグ [65票]

マイルドで、バニラやチョコの甘い香りが好みです。／とにかく濃厚で香り高く、甘みとオークの心地よさのバランスに秀でていると思います。

13位 ワイルドターキー　レアブリード [62票]

適度な荒々しさがあるところが、とてもターキーらしく一番好きなバーボンです。／ロックにして少し加水すると味わいが最高潮になります。

14位 アーリータイムズ イエローラベル [57票]

甘めでバランスがよく、飲み飽きないところがよかったです。／初めて飲んだバーボンなので、これが基本。どこでも買えて安いし美味しいです。

15位 メーカーズマーク 46 [49票]

通常の「メーカーズマーク」より角がなく、香りが上質になり味もまろやかです。／これより好みの味には出逢えないのではないかと思っています。

16位 ワイルドターキー 13年 [46票]

樽感や甘み、スパイシーな感じを素人ながら感じました。バーボンが好きになったきっかけの1本。／8年よりパンチ力が柔らかく飲みやすいです。

16位 ファイティングコック [46票]

ストレートだと荒々しさを感じられ、ロックだと甘さがたってくる感じがあります。／ストレートとハイボールでの味のギャップがすごいです。

18位 フォアローゼズ・ブラック [45票]

入手しやすく、メープル感が強く華やかな香りが好みです。／ゴージャスな味わいで、低価格ながら「いいバーボンを飲んでいる」と感じられます。

19位 フォアローゼズ・プラチナ [42票]

柔らかな口当たりに甘く芳醇な味わいで、バーボンが苦手な方にもおすすすです。／バーボンはあまり得意じゃないのにこのバーボンは大好きです。

20位 ノブクリーク [40票]

甘すぎず飲み疲れしません。でもバーボンらしいボディがしっかりした感じが好きです。／とても濃厚で力強い味わいです。コスパもいいです。

10選

このウイスキー知ってる？ あなたの知らない 世界のウイスキー10選

世界にはさまざまなウイスキーがあります。ここではTWSC（東京ウイスキー&スピリッツ・コンペティション）で受賞した、さまざまな国のウイスキーを10本厳選して紹介します。なお、TWSCは200名以上の審査員がブラインドテイスティングでウイスキーやその他のスピリッツを審査する日本で唯一の品評会です。5大ウイスキーのひとつながら、馴染みのない方も多いと思われる、アイリッシュウイスキーもここで紹介します。

台湾の「カバラン」は驚異の受賞歴

まず最初に台湾の「カバラン」。カバラン蒸溜所で造られるシングルモルトは世界的な品評会で数々の賞を受賞しており、世界が注目する蒸溜所です。TWSCでも毎年受賞しており評価の高い銘柄が多いです。そのなかでも「カバラン ソリスト ヴィーニョ カスクストレングス」はTWSC2020で最高金賞を受賞しました。

アイルランドは注目の生産地

次はアイリッシュシングルモルト「カネマラ」。アイルランドのクーリー蒸溜所で造られるスモーキーなシングルモルトウイスキーです。サントリー所有の蒸溜所でもあり、スーパーなどで見かけることも多くなったのではないでしょうか？

普通はアイリッシュといったらノンピートで3回蒸留が主流です。「カネマラ」はピーテッド麦芽を使った2回蒸留。アイリッシュにはめずらしいヘビリーピーテッドタイプです。

3本目は同じくアイリッシュシングルモルトの「ランベイ」。TWSC2021では銀賞を受賞しました。ランベイはダブリンの北にある小さい島。フランスの有名コニャックメーカーCAMUS（カミュ）社

カバラン蒸溜所はすべてシングルモルト。台湾は亜熱帯気候ゆえにスコットランドなどに比べて熟成が早く進み、短い熟成期間でもしっかりとした熟成感があるのが大きな特徴です。（リードオフジャパン）

コッツウォルズ蒸溜所では、今ではめずらしい伝統的な精麦の方法でもあるフロアモルティングが行われています。（スコッチモルト販売）

潮風とカミュが育てる唯一無二のアイリッシュウイスキーが「ランベイシングルモルト」のキャッチコピー。自社蒸留ではないが蒸留レシピはカミュのマスターブレンダーが作成。（都光）

「カネマラ」はハイボールにしたときの梨をすりおろしたようなフルーティーさと軽やかなスモーキーさのバランスが魅力です。（サントリー）

エクリンビル蒸溜所で造られる「ダンヴィルズ 12 年 PX カスク」はボトルデザインもおしゃれで印象的。（参考品）

がプロデュースするウイスキーでカミュのコニャック樽で後熟を行っています。俗に言うブランデーカスクフィニッシュとのことです。

次は「ダンヴィルズ12年 PXカスク」。こちらもアイリッシュウイスキーです。２０１３年に創業した北アイルランドにあるエクリンビル蒸溜所のシングルモルトで19世紀にあった銘柄を復活させたというコンセプトです。極甘口の、ペドロヒメネスシェリー樽で後熟していて、濃厚なフルーティーさとチョコレートのようなコクがあり、評価も高いです。

次に「クロナキルティ シングルバッジ ダブルオーク」。２０１８年、アイルランド・コーク州のクロナキルティに設立された蒸溜所で、設立者はこの地で8代に渡って農場を営んできたスカリー家。自社畑で

ハイコースト蒸溜所が注目を浴びたきっかけは蒸留責任者でもあり蒸溜所設立の中心人物がジョン・マクドゥーガル氏だったこと。彼はウイスキー業界で40年以上のキャリアを持つスコットランドきっての「ウイスキー・エキスパート」。バルヴェニー、ラフロイグ、スプリングバンクと名だたる蒸溜所で所長を務めた経験も。(都光)

オイリーで穀物感の強い味わいが特徴「クロナキルティ シングルバッチ ダブルオーク フィニッシュ」はブレンデッドウイスキーです。(KOTO)

レイクス蒸溜所のマネージングディレクターであるポール・カリー氏は元シーバスブラザーズのマネージングディレクターだったハロルド・カリー氏の息子。ハロルド氏はシーバスを退社した後アラン蒸溜所を創設した人物でもあり、もちろんポール氏はその際に深くかかわっているのでアラン蒸溜所のノウハウも受け継いでいるのかもしれません。

イングランドの湖水地方にあるレイクス蒸溜所。「レイクス ザ・ウイスキーメーカーズリザーブNo.3」以外に「レイクス ザ・ワン シグニチャー」も銅賞を受賞。レイクスのモルト原酒にハイランド、スペイサイド、アイラの厳選されたスコッチとグレーンウイスキーをブレンドした、日本で言うワールドブレンデッドウイスキーになっています。(雄山)

生産された大麦を使用し、高品質なアイリッシュ・シングルポットスチルウイスキーを製造（2023年リリース予定)。ポットスチルウイスキーとはアイリッシュのみに見られる製法で大麦麦芽（モルト）と未発芽の大麦の両方を原料に銅製のポットスチルで蒸留し熟成したもの。

次に紹介する「アイリッシュマン

「アイリッシュマン ファウンダーズリザーブ」は世界的ウイスキー評論家ジム・マーレー氏の「ウイスキー・バイブル」で93点をたたきだし、高い評価を受けています。(リードオフジャパン)

ファウンダーズリザーブ」もシングルポットスチルウイスキーを用いています。シングルモルト原酒70%、シングルポットスチル原酒30%をブレンドした、創業者バーナード・ウォルシュ氏のオリジナルです。すべて単式蒸留器のみで3回蒸留し、バーボンカスクで熟成させています。

次に紹介するのは「ザ・ダブリン・リバティーズ オーク・デビル」。5年以上熟成したモルト原酒とグレーン原酒をヴァッティング。バーボン樽で後熟しノンチルフィルタードでボトリングしています。

イングランドやスウェーデンにも！

次はイングランドの「コッツウォルズ ファウンダーズチョイス シングルモルトウイスキー」。世界的な蒸留酒コンサルタントでもあるジム・スワン博士の指導を受け、2014年に製造開始した、まだ新しい蒸溜所です。

2017年に亡くなったジム・スワン博士ですが、アイラ島のキルホーマン蒸溜所や台湾のカバラン蒸溜所、インドのアムルット蒸溜所など、数多くの蒸溜所を指導してきた人物です。

コッツウォルズはスコットランドを凌ぐウイスキー造りを目指し、地元産大麦を100%使用。「フロアモルティング」も行っています。テロワールを大事にしており、世界中で数々の賞を受賞しています。

次は同じくイングランドの「レイクス ザ・ウイスキーメーカーズリザーブ No.3」。2014年に誕生したばかりのレイクス蒸溜所で造られ、最高級のペドロヒメネスシェリー樽、オロロソシェリー樽、クリームシェリー樽、最高級赤ワイン樽で熟成した原酒がブレンドに使われています。

最後はスウェーデンの「ハイコースト シングルモルトウイスキー ティンマー」。スモーキーかつバニラの甘味豊かなシングルモルトで、2018年にボックス蒸溜所から名前が変わり、ハイコースト蒸溜所となりました。設立は2010年ですが、蒸留責任者でもあり蒸溜所設立の中心人物がジョン・マクドゥーガル氏だったことから注目を浴びました。ジョン・マクドゥーガル氏は、バルヴェニー蒸溜所やラフロイグ蒸溜所の所長も務めたことのある、業界では有名人です。

どのウイスキーも機会があれば是非、試してみてください。

Column

バーで嫌われる客

- ☞備品を大切に扱わない
- ☞泥酔してトイレにこもる
- ☞政治・宗教・スポーツの話
- ☞風邪をひいての来店
- ☞声が非常に大きい
- ☞女性客のそばで下ネタ連発
- ☞店のボトルから直接においをかぐ
- ☞メニューを見ずに店にないものを注文する
- ☞脱ぎだす
- ☞食べ物を持ち込む
- ☞一気飲み
- ☞会計に文句をつける
- ☞自分の仕事の話をひたすらする
- ☞何も頼まず話だけしにくる
- ☞物騒な話をしたがる
- ☞携帯で大声で話し始める
- ☞カップルでの喧嘩
- ☞店内でもサングラス
- ☞常連だから何をしてもいいと思っている
- ☞お店の批判をする
- ☞自分の好みを押し付ける
- ☞知らない相手を口説く
- ☞「安くして」と言ってくる
- ☞言葉遣いが汚い
- ☞寝てしまう
- ☞香水がきつい

ついつい飲みすぎてしまい、普段はやらない行動をとってしまうのがお酒の場。声が大きすぎる、お店のものを雑に扱うなど、バーでなくてもしてはいけないことから、お酒の席ならではの、酔って他のお客さんに絡みだしたり、トイレにこもったり、寝てしまう方もいます。

普段は常識的でもお酒に酔って豹変する方もいらっしゃいます。自分がされて嫌なことはしないのが大前提ですが、それがわからなくなってしまうのがお酒の怖いところ。人によってお酒が強い人、弱い人、さまざまですが、自分に合った飲み方を見つけるのも経験なのです。周りのお酒を飲むペースが速くてもそれにつられず、自分なりのペースで飲むからこそ、その場が楽しめるというものです。

特に普段からお酒で記憶をなくしがちな方は知らずに人に迷惑をかけている場合もありますので、飲み方の改善を考えてみてはどうでしょう。

Part 4

もっと知りたいウイスキーの話

グレーンウイスキー、カスクストレングスから
ウイスキー着色の真実や偽造ウイスキーまで

実は楽しい！グレーンウイスキーとは？

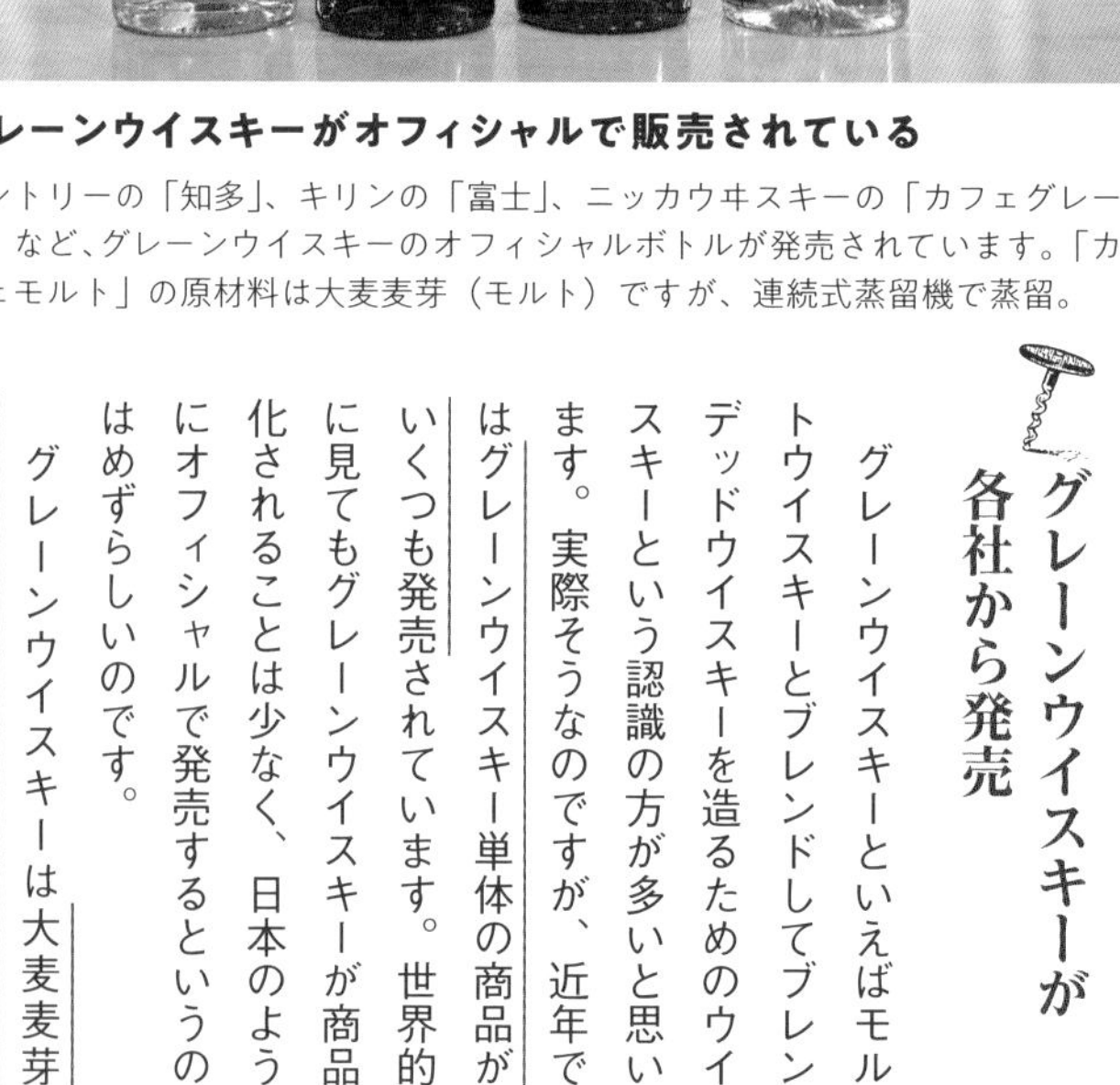

グレーンウイスキーがオフィシャルで販売されている

サントリーの「知多」、キリンの「富士」、ニッカウヰスキーの「カフェグレーン」など、グレーンウイスキーのオフィシャルボトルが発売されています。「カフェモルト」の原材料は大麦麦芽（モルト）ですが、連続式蒸留機で蒸留。

グレーンウイスキーが各社から発売

グレーンウイスキーといえばモルトウイスキーとブレンドしてブレンデッドウイスキーを造るためのウイスキーという認識の方が多いと思います。実際そうなのですが、近年ではグレーンウイスキー単体の商品がいくつも発売されています。世界的に見てもグレーンウイスキーが商品化されることは少なく、日本のようにオフィシャルで発売するというのはめずらしいのです。

グレーンウイスキーは大麦麦芽（モルト）以外の穀物を用いて連続式蒸留機で蒸留するというのが一般的に知られている定義ですが、実際は、「大麦麦芽で穀物を糖化して蒸留すること」くらいしか定義はありません。もちろんモルトも原料にできます。大麦麦芽を使って糖化しているので、裏ラベルの原材料には「グレーン、モルト」と書いてあります。一般的なウイスキーは必ず大麦麦芽で糖化、発酵を行います。ちなみに麦焼酎は麹を使用します。

穀物であればグレーンウイスキーの原料に規制はなく、「知多」や「富士」はトウモロコシが主体ですが、スコットランドでは小麦が主体で造られています。

蒸留器の形に実は制限はない

モルトと同じくグレーンウイスキーにもシングルグレーンウイスキーとブレンデッドグレーンウイスキーがあります。たとえば、「知多」は知多蒸溜所の原酒のみを使用しているので、シングルグレーンウイスキーになります。

実はグレーンウイスキーはどんな蒸留器を使ってもOK。スコットランドでも日本でも指定がありません。モルト以外の穀物を単式蒸留器、つまりポットスチルで蒸留してもまったく問題ありません。ただ、コストがかかり、大量生産できないという問題が出ます。なので、単式蒸留器で蒸留されたグレーンウイスキーはないと考えがちですが、99ページでも触れたとおり、バーボンは日本やスコットランド側から見るとグレーンウイスキーのカテゴリーです。そのため、バーボンを単式蒸留器で造っている銘柄は、グレーンウイスキーを単式蒸留器で造っている銘柄ともいえます。

また、連続式蒸留機ができる前は、単式蒸留器でモルト以外の穀物を蒸留してグレーンウイスキーを造

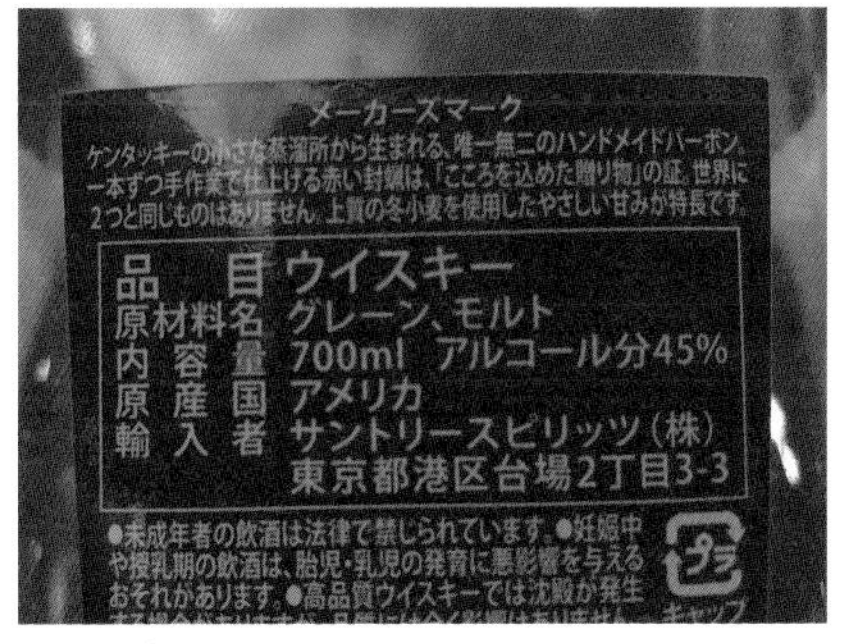

バーボンはすべてグレーンウイスキー

トウモロコシを主体にさまざまな穀物を使い、連続式蒸留機を用いるバーボン。裏ラベルの原材料にはグレーン、モルトと書いてあります。糖化のときに大麦麦芽の強い酵素力はウイスキーに必要不可欠なのです。

連続式蒸留機

連続式蒸留機はカラムスチル、コンティニアススチルなどとも呼ばれています。イーニアス・コフィー氏が特許（パテント）を取ったので、パテントスチルと呼ばれることも。

グレーンにもいろいろある

「ロッホローモンドシングルグレーン」は原料にモルトを使い、連続式蒸留機で蒸留したもの。ラベルには「ファイネスト・モルテッド・バーレー」と書かれています。シングルモルト好きでもすんなり楽しめるのではないでしょうか。

30年熟成のブレンデッドは
グレーンも30年熟成させる必要がある

グレーン原酒もモルト原酒と熟成の概念は同じです。たとえば30年熟成のウイスキーに入っているグレーン原酒は、モルト原酒と同じく30年以上熟成されています。もともとの材料のコストはかからなくても熟成のコストはモルト原酒と同じだけかかっているわけです。

り、ブレンデッドウイスキーを造るということもありました。19世紀の末くらいまではそういった造り方が一般的だったようです。反対にモルトを連続式蒸留機で蒸留するというのも19世紀には一般的に行われており、当時はこれもシングルモルトと表記できたようですが、スコッチの法律が変わり、次第になくなっていきました。

ブラックニッカとカフェスチル

連続式蒸留機は1867年にロバート・スタイン氏が発明しました。当時のスコットランドは蒸留器の容量で税金が決まっていたので容量を増やさずに、効率よく蒸留する方法はないかと発明されたものでした。これに収税官吏だったイーニアス・コフィー氏が目をつけ、2塔からなる改良型を作って、特許を取ってしまいました。この蒸留器が、カフェスチル（カフェ式連続式蒸留機）です。

ニッカウヰスキーの創業者、竹鶴政孝氏はその昔ウイスキーの品質を向上させるためカフェスチルを導入したかったそうなのですが、かなり高価で、当時のニッカウヰスキーでは導入することができませんでした。そこでそのとき筆頭株主だった

イーニアス・コフィー氏はアイルランド人。アイルランドにカフェスチルを売り込んだが売れず、次にスコットランドのローランドに売り込み、そこから広まったとか。

たとえば「知多」や「富士」はさまざまなタイプの原酒を造り分けてそれをブレンドして出荷しています。樽もさまざまで、「知多」では山桜樽を使ったものが限定で発売されたことがあります。

朝日麦酒に協力してもらい、日本で初めてカフェグレーンを使用した「ブラックニッカ」が生まれたという逸話があります。

長熟熟成グレーンも驚きの安さ

グレーンウイスキーは原材料の自由度が高く表示の義務もないため、どんなものかがわかりにくく、配合比率も基本的には公表されていません。一般的にスコットランドのグレーンウイスキーは小麦を原料にしているところが多く、昔はトウモロコシを使っていましたが、輸入していたトウモロコシの値段が上がり、小麦に切り替えたという経緯があります。

その一方で、価格が安いのは魅力的です。20年以上の長期熟成タイプや閉鎖蒸溜所のものでも、モルトウイスキーと比べると安価で売られていて、好きなブレンデッドウイスキーに使われているグレーンウイスキーを追いかけるという飲み方も面白いのではないでしょうか。

オフィシャルからの発売が少ないので、ボトラーズ（原酒を蒸溜所から買取り独自に販売する会社）からのリリースを探してみましょう。

グレーンウイスキーを造る蒸溜所

スコットランド

キャメロンブリッジ蒸溜所
「ジョニーウォーカー」を筆頭にディアジオ社が抱える数々のブレンデッドウイスキーのグレーン原酒を供給する蒸溜所。シングルグレーンウイスキー「キャメロンブリッジ」を発売しています。

ストラスクライド蒸溜所
現在はペルノ・リカール社が所有しており「シーバスリーガル」に原酒を供給していることでも知られています。ボトラーズからの購入が可能。

ロッホローモンド蒸溜所
シングルモルトで有名な蒸溜所ですが、連続式蒸留機もあり、モルトを原料としたシングルグレーンウイスキーも発売しています。

インバーゴードン蒸溜所
スコットランド最北に位置するグレーン蒸溜所でもあり、「ホワイト&マッカイ」のグレーン原酒を供給する蒸溜所でもあります。ボトラーズからの購入が可能

ガーヴァン蒸留所
「グレンフィディック」で有名なウイリアムグラント&サンズ社所有のグレーン蒸溜所。主に同社が造るブレンデッドウイスキー「グランツ」の原酒を製造。同敷地内にモルト原酒を作るアイルサベイ蒸留所が組み込まれている。またクラフトジン「ヘンドリックスジン」も生産しています。ボトラーズからの購入も可能。

ノースブリティッシュ蒸溜所
エドリントングループとディアジオの合弁会社が運営しているグレーンの蒸溜所。主に「フェイマスグラウス」のグレーン原酒や「ジョニーウォーカー」のグレーン原酒を造理、ボトラーズからの購入可能。

スターロウ蒸溜所
フランスのラ・マルティニケーズ社が所有しているグレーン蒸溜所。主にブレンデッドウイスキー「LABEL 5」の原酒を製造しています。

日本

知多蒸溜所
サントリーが所有するグレーン蒸溜所。サントリーが発売するブレンデッドウイスキーのグレーン原酒を製造し、シングルグレーン「知多」も商品化されています。

白州蒸溜所
サントリーが所有する蒸溜所。モルト原酒の製造で有名ですが、2010年に設備を導入し2013年よりグレーン原酒を製造開始。多彩なグレーン原酒を造り分けています。

宮城峡蒸溜所
ニッカウヰスキーが所有する蒸溜所。モルト原酒の他、グレーン原酒も製造しています。ニッカウヰスキーが発売するブレンデッドウイスキーのグレーン原酒も製造。またカフェ式連続式蒸留機で蒸溜された「カフェモルト」や「カフェグレーン」、「カフェジン」「カフェウオッカ」も発売しています。

キリンディスティラリー富士御殿場蒸溜所
キリンビールが所有する蒸溜所。モルト原酒の製造の他、3タイプの蒸留器からタイプの異なるグレーン原酒を造り分けています。2021年より「キリンシングルグレーンウイスキー 富士」が一般発売されています。

アルコール度数が高いウイスキーは美味いっ?・カスクストレングス入門

カスクストレングス

＝加水されていないウイスキー

※バーボンではバレルストレングスという

CASK＝樽　STRENGTH＝強さ

日本では樽出し原酒と言っていたことも

スコッチはアルコール度数が決められている

スコットランドでは最低アルコール度数が40%と決められており、一般的なブレンデッドウイスキーはアルコール度数40%のことが多いです。日本は特に決まりがありません。

ウイスキーは一般的に熟成後度数50%以上に
＝スタンダードなウイスキーは加水されて
飲みやすい度数にしてある

樽から出して加水せずに瓶詰め

カスクストレングスは「いっさい加水がされていないウイスキー」のこと。スコッチやジャパニーズウイスキーの世界でよく使われる言葉で、バーボンなどではバレルストレングスといいます。これはバーボンの熟成に使われる樽がバレルという大きさであることに由来します。

カスクは樽、ストレングスは強さのこと。最近はカスクストレングスという言葉が一般的になってきましたが、日本では1980〜1990年代は樽出し原酒という言葉がよく使われていました。

熟成後、樽から出されてすぐのウイスキーのアルコール度数は、一般的に50%から60%ほど、それを40%台に加水して瓶詰めされるのですが、カスクストレングスはそのままなのでアルコール度数は50%以上のものが多いのです。

ちなみに、度数が50%以上と聞くと「そんな度数が高いお酒は飲めない」という方もいますが、ウイスキーは長い年月の間、樽の中で熟成され、その結果、芳醇な香りとまろやかで深い味わいをもたらしてくれるのです。

自ら加水をして好みの味を見つける

加水して瓶詰めするということは樽の中でできあがった味を薄めているという捉え方もできます。濃厚なウイスキーが飲みたい方がカスクストレングスやアルコール度数の高いものを選ぶ理由はそこにあります。ただ、それだけがよさではありません。カスクストレングスのよいところは、少しずつ加水をして、そのときの自分の体調や気分にぴったりな味わいに調整できること。薄まった

2倍濃縮　ストレート

アルコール度数の高いウイスキーは濃縮麺つゆ？

濃縮麺つゆとそのまま使える麺つゆを比較したら、前者のほうが価格は上。カスクストレングスは濃縮麺つゆともいえます。

58%　54%　59%　55%

日本のクラフトウイスキーは高い？

近年、日本の新規蒸溜所やクラフト蒸溜所のシングルモルトが続々と発売されていますが、比較的値段が高価だと感じた方もいると思います。これはそれぞれの企業で理由はさまざまだと思いますが、もっともわかりやすい理由のひとつにアルコール度数があります。カスクストレングスが多く、また加水されていたとしても最小限にとどめられています。そうしたこだわりが価格に反映されているのです。その他には、少量生産ということ。クラフト蒸溜所のほとんどが定番品と呼ばれる通年販売品はまだなく、限定販売のウイスキーが大半です。通年販売品と違い、少ない樽の構成で作られていることも多く必然的に値段は上がります。そして最後はクラフトということ。原料へのこだわり、製法のこだわりはもちろん、大手と違い、手作業も多く作業に時間がかかる半面、生産量が少なく必然的に原酒の価格も上がるのです。新規蒸溜所は、まだまだ実験段階です。たくさんの実験を繰り返し、後に出るであろう、通年販売品のための経験を積み重ねているのです。

きの自分の体調や気分にぴったりな味わいに調整できること。薄まった味を濃くはできませんが、濃いものを薄くはできるわけです。

ときどき、同じ銘柄で熟成年数が短いほうが価格の高いことがあります。これにはさまざまな理由がありますが、アルコール度数の違いによる場合も多いです。

価格は高いですが、加水して飲めば通常の40%のウイスキーより、量は多くなるわけです。ハイボールなどでも度数の高いウイスキーを使えば、ウイスキーを少なめにし、炭酸水を多く使っても、味わいの濃さを保ちながらより炭酸の刺激が強いものが楽しめます。

なお、カスクストレングスのなかにはアルコール度数が40%台のものもあります。熟成年数が長いとアルコールが揮発して、度数が低くなる場合があるからです。だからこそ、熟成年数が長いカスクストレングスで、度数の高いボトルはとても人気があります。長期熟成のカスクストレングスは、度数の高さを感じさせないまろやかさがあるのです。

カスクストレングスはボトラーズを買うきっかけにもなる

シングルモルトはカスクストレングスを一般的に発売していないところもあります。好きな銘柄のカスクストレグスを飲んでみたいと思ったとき、オフィシャルがない場合ボトラーズで探すことになるでしょう。カスクストレングスはボトラーズを買う動機のひとつにもなるのです。

カスクストレングスとシングルカスクはどう違う?

カスクストレングスとシングルカスクは同じ意味ではありません。シングルカスクはひとつの樽をそのまま瓶詰めすること。同じ樽、同じ原酒、同じ熟成年数でも樽ごとに味わいは違ってきます。シングルカスクは個性的なものも多く、しかも一期一会。多くのファンを魅了しています。

おすすめの定番カスクストレングス

ザ・グレンリベット ナデューラシリーズ

ナデューラシリーズは1Lも出ていますが、700mlのタイプはカスクストレングスです。ナデューラとはゲール語で自然、ナチュラルという意味。無加水、無着色で非冷却濾過でボトリング。シェリー樽で熟成の「オロロソ」、スモーキーな「ピーティッド」、ファーストフィルのアメリカンホワイトオーク樽で熟成した「ファーストフィル セレクション」があります。

DATA
約60%（カスクストレングスのためボトルにより異なる）／全て700ml／「オロロソ」「ピーティッド」「ファーストフィル セレクション」／全てザ・グレンリベット・ディスティラリー／ペルノ・リカール・ジャパン

ザ・マッカラン　クラシックカット

2017年から限定発売している人気シリーズでノンエイジタイプのカスクストレングスでボトリング。毎年異なるブレンダーが異なるレシピで仕上げています。限定発売ゆえに入手は難しいですが、絶品の1本です。現在マッカランのラインナップは加水タイプが主なので濃厚なマッカランを是非お楽しみください。

DATA
52.9%／700ml／ザ・マッカランディスティラリー／参考品

アベラワーアブーナ

2000年代前半から発売されていて、シェリー樽原酒100%。ノンチルフィルタードでノンエイジタイプのシングルモルトです。発売当初からバッチナンバーが書かれていて、シングルカスクでもあります。フルシェリー樽原酒のカスクストレングスとしてはとてもファンの多い1本ではないでしょうか。

DATA
約60%（カスクストレングスのためボトルにより異なる）／700ml／アベラワー・ディスティラリー／ペルノ・リカール・ジャパン

グレンファークラス105

グレンファークラス蒸溜所から発売されているシェリー樽原酒100%のノンエイジのカスクストレングスタイプ。105というのはアルコール度数のことで、105プルーフ、つまり度数に直すと約60%。さまざまな度数の樽をブレンドして60%に揃えて、カスクストレングスで発売しています。価格は激安です！

DATA
60%／700ml／グレンファークラス・ディスティラリー／ミリオン商事

アラン クオーターカスク

バーボン樽で7年間熟成した後に、125Lの小さい樽（クオーターカスク）で2年間後熟させてカスクストレングスでボトリング。小さい樽は熟成のスピードが速く、9年とは思えない熟成感。バーボン樽由来のフルーティーさがあります。他には「アランシェリーカスク」もおすすめの1本です。

DATA
56.2%／700ml／アラン蒸溜所／ウイスク・イー

世界最古のウイスキークラブ「ザ・スコッチモルトウイスキー・ソサエティ」とは？

マニアックなボトルに出会えるかも

ちょっとマニアックな会員制のウイスキークラブを紹介します。その名も「ザ・スコッチモルトウイスキー・ソサエティ」。略してSMWS。蒸溜所から原酒を買い取り、自社の熟成庫で熟成。独自にボトリングし、会員向けに販売しています。140以上の蒸溜所から選び抜かれた原酒がボトリングされるのです。少し前にはあの埼玉県の蒸溜所の原酒もボトリングされ、販売されました。

ソサエティのボトルは全て同じで、ラベルのフォーマットも基本は同じ。

SMWS
1983年にエジンバラで設立。日本支部のほか、世界13カ国以上に支部あり。会員数28000人以上。初年度会費10000円、更新料8000円

SMWSのウイスキーの特徴
- カスクストレングス
- ノンチルフィルタード
- ノンカラーリング

基本的にカスクストレングスのためアルコール度数は高く樽から出した味そのままを瓶詰めしています。また冷却ろ過や着色もしていません。

自社で熟成庫も所有。8000樽以上のストックの中から毎月会員向けにボトルを販売しています。違う樽に移し替えて後熟させるなどカスクフィニッシュも行っています。

キャップシールとラベルの色にも意味があり、12種類のフレーバーに分けられています。オフィシャルサイトからフレーバーマップがダウンロードできます。

基本的にソサエティはシングルカスク（例外もあり）です。普通は12年表記＝12年以上熟成という意味ですが、シングルカスクの場合12年表記は12年熟成という意味。以前はシングルカスクとラベルに書いてありましたが、カスクフィニッシュも行うことから、今はその表記がなくなりました。カスクフィニッシュした場合、最初の樽がイニシャルカスク、最後の樽がファイナルカスクと表記されています。

会員特典：毎月会員のみが購入できるボトルが発売。テイスティングイベントなどに特別価格で参加可能。会員限定のオンライン・テイスティングイベント。メンバー限定の会報や会員が優待価格で利用できるバーもあり。

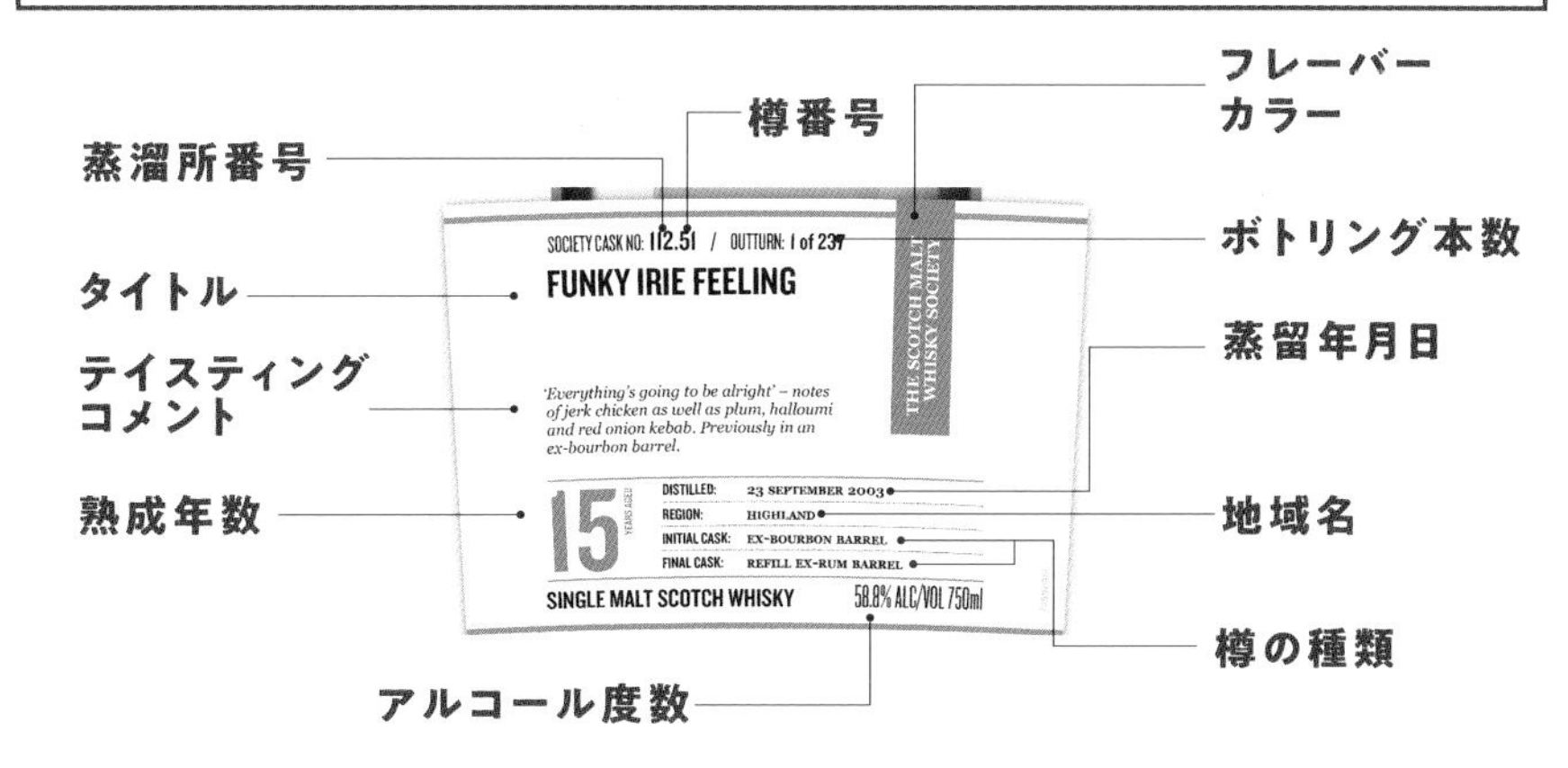

一見わかりづらいと感じますが、ラベルにはさまざまな情報が満載です。どこにも蒸溜所名は書いてありませんが、これは先入観を持たずに楽しむというコンセプト。蒸溜所番号は書いてあるので、それを調べればどこの蒸溜所のウイスキーなのかはわかります。樽番号は、今までこの蒸溜所から何樽発売されたかがわかるようになっていて、他にはボトリング本数、熟成した樽の種類、蒸留年月日など詳細な情報が書かれています。個性的なタイトルも特徴のひとつで「なめらかでスモーキーなお茶を漬け込んだマンハッタン」など個性的な言葉が並びます（SMWS日本支部のサイト参照）。

　こうした会員制のウイスキークラブに入ることで、希少性の高いボトルが手に入るのはもちろん、ウイスキー仲間ができる可能性も。

ウイスキーの着色の真実

そのウイスキー着色されています

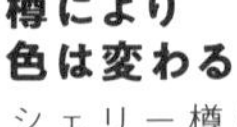

よくある間違い

・色が濃いウイスキーは熟成が長い

・色が薄いウイスキーは熟成が短い

樽により色は変わる

シェリー樽は色が濃く付き、バーボン樽は色があまり付きません。また、リフィルの樽は色が付きにくい。

ウイスキーは着色されています

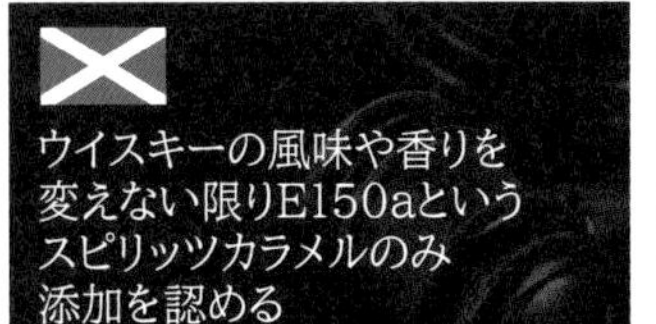

ウイスキーの風味や香りを変えない限りE150aというスピリッツカラメルのみ添加を認める

スコットランド、アイルランド、日本では着色は法律で認められています。

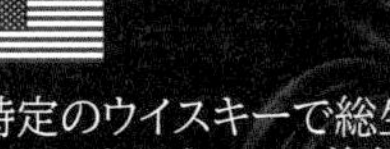

特定のウイスキーで総生産量の2.5%までカラメル着色が認められている

発売されているほとんどのバーボンがストレートバーボンですが、ストレートバーボンは着色が認められていません。

どうして着色するのか

「樽で熟成された原酒は毎回同じ色になるわけではないので、味を優先すると、ロットによる色の違いが出てしまう。これでは去年出たものと今年出たもので色の差が出てしまい、クレームの対象になりえる」というのがメーカーの見解。大手メーカーの通年販売商品は着色されているものが多いです。

色の濃さと熟成年数は比例しない！

バーカウンターの中で聞こえてくるお客様の会話で「色が濃いウイスキーは長く熟成したから」「色が薄いウイスキーは若いウイスキー」といった内容をよく耳にします。これは間違いです。ウイスキーの色は樽の種類によって決まるので必ずしも熟成年数に比例しないのです。

さらに一般的なメジャーウイスキーは、着色されています。大半のメジャーウイスキーで、です。着色については、なくさなくてもいいからラベルに表記してほしいという意見も多く、ウイスキーファンの論争の種にもなります。生産者にも着色反対の意見を持つ方も多く、ブルックラディ蒸溜所を復活させたジム・マッキュワン氏は「他の蒸溜所は着色することで長期熟成ウイスキーのように見せかけているが、私たちはそんなことはしません」と言っています。また、着色せずに成り立っている蒸溜所はたくさんあり、そうしたこだわりを持つ蒸溜所は増えてきています。無着色＝蒸溜所のこだわりとして、ノンカラー、ナチュラルカラーなどとラベルに表記されることもあります。

有名銘柄で着色していない蒸溜所もたくさんあり、「ブルックラディ」のほか、「スプリングバンク」「ザ・マッカラン」「ウルフバーン」「キルホーマン」などが挙げられます。また、ボトラーズから発売されるウイスキーや、近年続々と発売される日本のクラフト蒸溜所のウイスキーのほとんどが無着色です。

着色反対派の意見

- **E 150aは蒸留や熟成の産物ではなく人工的な添加物だから**
- **カラメル着色は熟成偽装につながる不誠実な細工**
- **カラメル色素はウイスキーフレーバーを鈍らせ、苦みの元となるのではないか？**

私はウイスキーに色を付けたり、大切なお客様の体に不要なものを入れたくありません。

ジム・マッキュワン氏談

どうやって見分ければよいか

着色されているか否かを見分ける方法はあります。ドイツやデンマークなど一部の国では着色料の表示義務があり、そうした国のネットショップで情報を確認すれば、メーカー自ら着色の有無を公開しています。また、並行輸入品の中には着色の有無が書かれていることも。

カラメル色素の構造

カラメル色素	E番号	亜硫酸化合物	アンモニウム化合物	一日摂取許容量(ADI)
カラメルI caramel I (plain)	E150a	不使用	不使用	（設定なし）
カラメルII caramel II (caustic sulfite process)	E150b	使用	不使用	0-160mg/kg/day
カラメルIII caramel III (ammonia process)	E150c	不使用	使用	0-200mg/kg/day（固形物換算0-150mg/kg/day）
カラメルIV caramel IV (sulfite ammonia process)	E150d	使用	使用	

注意喚起！ それ本当に本物ですか？
偽造ウイスキーは身近にある

空瓶売買は偽造ウイスキーの温床

オークションやフリマアプリなどでウイスキーが高額で取引される状況が続いています。2018年にイギリスのオークションで取引されたウイスキーの価格は合計57億円。ここまでの市場になると、偽造ウイスキーはもはや偽札並みの大問題とも言えるでしょう。オークションやフリマアプリなどに出回っているウイスキーにはたくさんの偽物が含まれています。

オークションなどで高級ウイスキーの空瓶が大量に売られているところを見かけた方も多いと思います。空瓶を売ること自体は問題ありませんが、これを高額で買う人がどんな目的で買うのかが問題なのです。

閉店するバーなどが増えていることもあり、半端なボトルや空き瓶はかなりたくさん出回っています。

容量がフルで入っているのにキャップシールが外れている商品には、「間違えて開けてしまいました」と書いてあったり。さまざまな言い訳をつ

高級ウイスキーの空瓶は高額で売れる

コロナの影響で閉店する店がそれを理由に半端なボトルや空瓶を出品。「中身は捨ててください」としていますが、飲むのは危険です。

2015年あたりは「山崎35年」の空瓶が大量に出回り、高額で取引されていました。

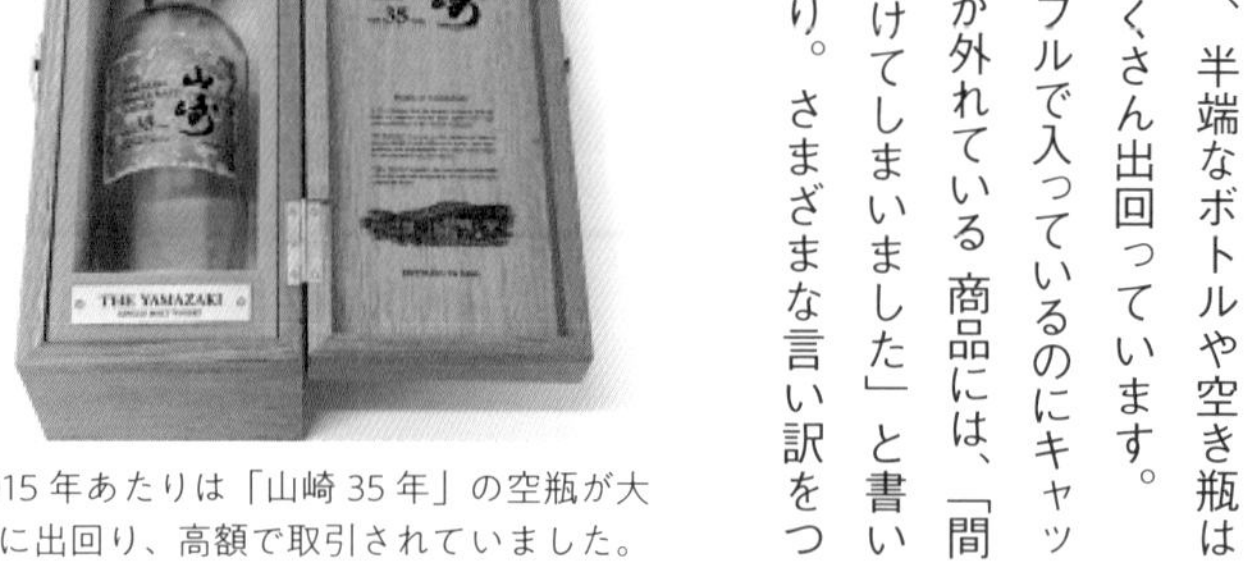

「響30年」の希望小売価格は12万5000円（2021年11月現在。2022年4月出荷分より16万円に）。現在ネットなら50万円ほどで取引されることも。偽物は20万円ほどで販売していたらしく、それを転売して利益を出そうという人もターゲットだったのではないでしょうか。

け、高額で取引されています。

ここでは注意喚起も込めて、今まで起きた事件をまとめて紹介します。

日本のウイスキーにも詐欺はあふれている

2021年、「山崎25年」などの嘘の出品情報をオークションに掲載し、およそ90万円をだましとったとして無職の男が逮捕されました。これは商品自体を送っていない詐欺でした。

また、2017年6月から7月にかけて、有名フリマアプリで「響30年」の空瓶に偽物のウイスキーを詰め5本を販売。計99万円をだましとったとして、詐欺と商標法違反の疑いで古物店の店員2人が逮捕されました。

18世紀のボトルと思っていたら……

次は海外の話です。

2017年、スイスのサン・モリッツのホテルを訪れた中国人観光客。ホテル内にあった世界に1本しかない、1878年製の未開封の「マッカラン」を日本円に換算して1杯110万円で注文しました。店側は売り物ではないと断ったらしいのですが、あまりに粘るのでオーナーが開封したのだそうです。

そのことはニュースになりましたが、一部のウイスキー専門家から偽物ではないかという指摘があり、ホテル側が「放射性炭素年代測定」による鑑定を依頼した結果、偽物と判明。中身はなんと、95%の確率で1970年から1972年に造られたモルト60%グレーン40%のブレンデッドウイスキーでシングルモルトですらありませんでした。その後、オーナーが中国まで出向いて小切手とともに謝罪し和解しました。

海外の動画サイトにて「山崎18年」のキャップシールを空瓶に装着する映像。

この「マッカラン」はホテルオーナーのサンドロ氏の父親が25年前に100万円以上で購入したものということで、サンドロ氏も「ボトルが偽物とは疑いもしなかった」と言っているとか。

舞台となったスイスのホテルは世界最大のウイスキーコレクションとしてギネスブックにも載っており、信頼してしまったのも無理はない話です。

マッカラン社も偽造事件に巻き込まれる

もうひとつ「マッカラン」の話です。1995年にマッカラン社が1874年の自社のボトルをオークションで落札、これを忠実に再現して1996年にレプリカを発売しました。

これがかなり売れたのでマッカラン社は1800年代後半の自社ボトルを次々とオークションで落札。落札したボトルをもとに2000年代前半にかけてレプリカシリーズを何本も発売します。

かなり話題は集めたのですが、落札したボトルは本当に本物なのかという疑いの声がさまざまなところから上がりました。それを受け、マッカラン社は買い取ったボトルの一部を「炭素同率体測定」による鑑定に出したところ、結果はなんと偽物。マッカラン社は偽物のレプリカを造っていたわけです。このことによりマッカラン社は赤っ恥をかくことになってしまいました。

ホテル側がオックスフォード大学に、化石などに用いられる放射性炭素年代測定を用いた鑑定を依頼。結果、ボトル内の液体は95％の確率で1970年から1972年に造られたブレンデッドウイスキーだったことが判明。ホテルのオーナー・サンドロ氏は中国まで行って客であるチャン氏に謝罪し、代金全額の小切手を渡して和解しました。

アジアではウイスキーの偽物工場が摘発

次は「ジョニーウォーカー」の偽物工場の話です。2019年にタイ南部のソンクラー県で「ジョニーウォーカー」のブラックラベルとレッドラベルの偽物を製造していた工場が現地当局により摘発されました。調合やラベル貼りなど偽造に従事していた2人が逮捕されたのですが、2人はただの従業員。オーナーには一度も会ったことがないと供述したとのこと。

こういった偽装ウイスキーはホテルや娯楽施設などに出荷していたようで、中身が何かは、わかりません。非常に危険なので旅行の際には十分気を付けましょう。

中身が危険といえば、2002年にはメタノール入りのウイスキーがロンドンで押収されています。押収されたウイスキーには4.3%のメタノールが含まれていました。メタノールはかなり毒性が強く、10mℓで失明、30mℓ飲むと命を落としかねないともいわれています。

ウイスキー業界を傾かせたパティソン兄弟

偽造ウイスキーといえばウイスキー業界に大きな傷跡を残したパティソン事件があります。

ロバート&ウォルター・パティソン兄弟が1887年にブレンデッドウイスキーを造る会社を設立しました。この時期、ウイスキーは飛ぶように売れており、2年後には会社を上場。日本円にして約20億円にものぼる利益を上げたともいわれます。

自社のブレンデッドウイスキーの原酒を安定供給するために、蒸溜所を次々と買収。オーバン蒸溜所やオ

19世紀のマッカラン1874を元に作った「マッカランレプリカ1874」。当時相当話題になりました。その後マッカランがオークションで落札していった19世紀のボトルの大半は偽物という結果になったそうですが、現在ではマッカラン1874は確かに本物だったとされています。

タイではこうした偽造酒製造の摘発が相次いでいます。普通は安酒を詰め替えて販売することが多いようですが、メタノールなどの人体に有害な物質が含まれていた事件も。ホテルや娯楽施設が卸先ということなので注意を。

パティソン兄弟の事件後、２つの大戦やアメリカの禁酒法などもあり、1949年にタリバーディン蒸溜所ができるまで、何十年も新規蒸溜所はできず、ウイスキーは冬の時代に。

ルトモア蒸溜所、グレンファークラス蒸溜所の半分の権利の他、グレーンウイスキーの蒸溜所も手に入れます。その後、オフィスもエジンバラに移し、土地を買いあさるなどプライベートでも豪遊していたとのこと。しかしそれも長くは続きませんでした。

パティソン兄弟はたくさんの銀行から融資を受け、ウイスキーの原酒を確保、さらにまた融資を受けるというやり方を繰り返していたのですが、１８９８年12月パティソン兄弟の会社の株式が急落。銀行からの融資が返済できなくなり倒産。するとその後、会計上の不正が明らかになり、兄弟ともども刑務所に入ることに。ここまではまだよかったのですが、実は、パティソン兄弟は大量の安いアイリッシュウイスキーを仕入れ、そこに少しだけ上等なスコッチを混ぜ「ファインオールド・グレンリベット」というシングルモルトとして発売していたことも後に判明。偽造ウイスキーを造っていたわけです。

これにより芋づる式にウイスキー関連会社が10社ほど倒産。連鎖的に小規模会社も多数倒産。スコッチウイスキー業界の信用もなくなります。この事件のせいかこの時期から原酒の価格が下落。事件に関係ない蒸溜所も閉鎖や生産を縮小したりと、業界に大きな打撃を与えました。

ちなみに、ウイスキーの偽造はかなり昔から行われています。もっとも古い記録が、１７８３年のウイスキーの偽造レシピ。ザ・グレンリベット蒸溜所が政府公認蒸溜所第一号となる１００年近く前なのです。

オークションは鑑定書付きが当たり前に!?

次々に摘発される偽造ウイスキーの問題もあり、偽造を見破る技術も話題になっています。

２０１８年にスコットランドの大学連合環境研究センターに持ち込まれた希少なオールドスコッチ55本を放射能性炭素年代測定で鑑定した結果、21本が偽物だったことが判明。

たとえば、1863年となっていた「タリスカー」は2007年から2014年の間に蒸留された可能性があったそうです。

こうした状況を踏まえて、ヴィンテージウイスキーの調査や鑑定を行う「レアウイスキー101」の共同創設者であるデビッド・ロバートソン氏は「1900年以前のものだといわれているボトルは、それが本物だと証明されるまで偽物である」とまでコメントしています。これから世界的なオークションに出されるものは鑑定ありきになるでしょう。

開封せずにレーザーで鑑定できる技術も

鑑定する技術としては、2019年にグラスゴー大学で「人工舌」と名付けられたセンサーが開発されました。1滴たらすだけでそれがどのようなものかを判別してくれるそうです。実験の結果、熟成年数、樽が異なる3種の銘柄を全て区別でき、精度はなんと99・7%。ひとつだけ問題があるのが、レアウイスキーを開封しないといけないことです。

そこでスコットランドのセント・アンドルーズ大学がボトルに入ったままのウイスキーを鑑定する方法を発表しました。レーザーをボトルに当てて、内部の化学成分を調査できるというもの。ボトルを開けずに鑑定できるのでウイスキーの信頼性を証明する新たな方法として期待が寄せられています。

スコットランドの大学の鑑定でウイスキー55本中21本が偽物という結果に。

1863年のタリスカーは2007～2014年に蒸留された可能性があるという結果に。

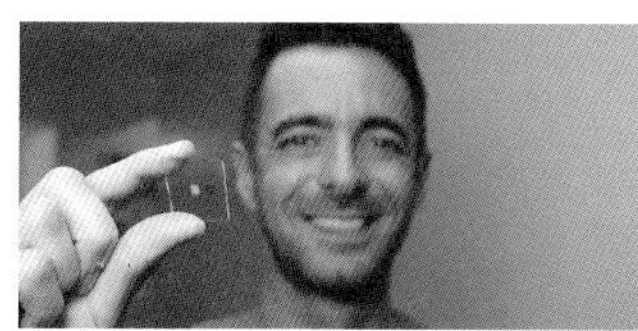

ウイスキーを1滴たらすことで、熟成年数や樽の違いを判別するチップ。

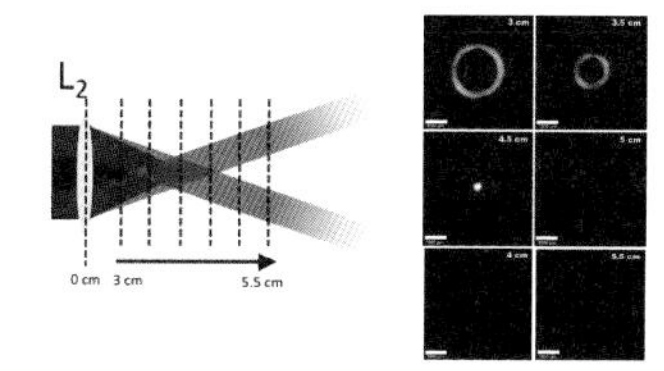

レーザーをボトルに当てて、内部の化学成分を調査し開封せずに鑑定。

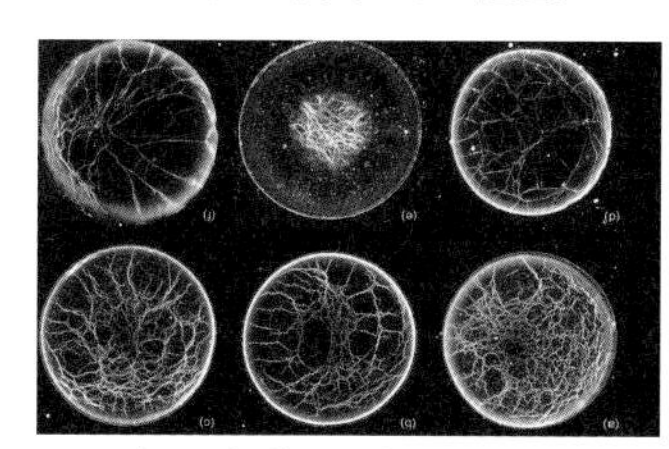

バーボンの指紋。1滴たらせば銘柄ごとに独自の模様が浮かび上がります。

参考
https://www.samuitimes.com/beware-very-dangerous-fake-johnny-walker-headed-for-bangkok/
https://thethaiger.com/news/bangkok/dangerous-fake-jw-whisky-heading-for-bkk
https://scotchwhisky.com/magazine/latest-news/16678/10-000-glass-of-macallan-confirmed-as-fake/
https://www.bbc.com/news/uk-scotland-scotland-business-41695774
https://edition.cnn.com/2020/01/24/world/scotch-counterfeit-test-scn-trnd/index.html
https://inews.co.uk/inews-lifestyle/food-and-drink/macallan-whisky-18-year-old-single-malt-how-price-grew-nest-egg-640196
https://www.bbc.com/news/uk-scotland-scotland-business-46566703
https://www.thespiritsbusiness.com/2018/12/fake-whisky-infiltrating-all-routes-to-market/
https://phys.org/news/2019-08-artificial-tongue-distinguish-whiskies.html
https://pubs.rsc.org/en/content/articlelanding/2020/AY/D0AY01101K

長熟入門！
長熟スコッチ10選から飲んでみよう！

長熟ものはオフィシャルが意外とねらい目

長い時間をかけ、樽からたくさんの成分が溶け出して化学変化が起こり、樽が呼吸することでウイスキーは熟成されます。長く熟成したから美味しいとは限りません。ただ、長期熟成（長熟）のウイスキーは、ウイスキー好きにとってのロマンなのです。

長熟であっても一般的には、いくつもの樽をブレンドして造るのでブレンダーの腕次第ともいえます。ボトラーズからも長熟ものは出ていますが、最初はオフィシャルで通年販売しているものがおすすめです。

グレンファークラス21年

長熟のウイスキーを経験したいという人は、まず「グレンファークラス」はいかがでしょう。21年（25年も）他の銘柄と比較するとかなりリーズナブル。ちゃんと美味しいので安心してください（笑）。100%シェリー樽原酒が使われており、上品でクセのないフルーティーな味わいがウイスキーファンを魅了し続けています。ベビーサイズのセットも販売しているので（正規代理店の取り扱いはなし）お試しあれ。

DATA
43%／700ml／グレンファークラス・ディスティラリー／ミリオン商事

アバフェルディ21年

「デュワーズ」のキーモルトとして有名で「デュワーズ」のために設立されたアバフェルディ蒸溜所で造られています。蜜のような柔らかさに、フルーティーでまろやかな甘味が特徴。バニラにハチミツをかけたような甘味が長く続きます。地味な人気ですが根強いファンが多い印象です。度数は40%ですが、軽すぎずミドルボディの飲みごたえです。

DATA
40%／700ml／アバフェルディ・ディスティラリー／参考品

グレンドロナック 21年

21年以上熟成したオロロソシェリー樽原酒と極甘口のペドロヒメネスシェリー樽で熟成した原酒をヴァッティング。ノンピートでシェリー樽特有のクセもなく、フルーティーでコクのある甘さです。フルボディで飲みごたえも抜群。シェリー樽系シングルモルトではとても人気があります。

DATA
48%／700ml／グレンドロナック・ディスティラリー／アサヒビール

グレンフィディック21年

21年以上熟成したヨーロピアンオークのシェリー樽原酒とアメリカンオーク樽原酒をブレンドし、カリビアンラムカスクで４カ月間熟成したものです。「グレンフィディック」でラム樽というとノンエイジの「グレンフィディックファイヤー＆ケーン」を思い浮かべる方もいらっしゃると思いますが、原酒やラム樽の種類が違います。

DATA
40%／700ml／グレンフィディック・ディスティラリー／サントリー

ザ・グレンリベット 21年

21年以上熟成した、シェリー樽原酒とバーボン樽原酒のヴァッティングです。シェリー樽のドライフルーツのようなフルーティーさとともに、バーボン樽由来のトロピカル感もあり。余韻は長くとてもしっかりとした熟成感を感じます。バランスがよくまさに円熟の味わいといえるでしょう。21年で2万円台前半で購入できます。

DATA
43%／700ml／ザ・グレンリベット・ディスティラリー／ペルノ・リカール・ジャパン

グレンゴイン21年

21年以上熟成させたファーストフィルのシェリー樽原酒のみをヴァッティング。ナッツのような香ばしさとレーズンのフルーティーさ、なめらかでリッチな味わい、樽由来のウッディな余韻を感じます。ウイスキーファンに評価の高いボトルで、世界的品評会での金賞受賞歴もあります。近年はシングルモルトの生産量を増やしていて市場でもよく見るようになりました。

DATA
43%／700ml／グレンゴイン・ディスティラリー／アサヒビール

カリラ25年

ジョニーウォーカーのキーモルトとして有名なアイラモルトです。25年がレギュラーラインナップにあります。安ければ2万円台〜4万円台です。ボトラーズからのリリースも多い蒸溜所ですが、近年は人気が高まり価格も上がっています。バーボン樽原酒のトロピカルなフルーティーさとスモーキーな味わいでファンが多い銘柄です。

DATA
43%／700ml／カリラ・ディスティラリー／
MHD モエ ヘネシー ディアジオ

アラン21年

アラン蒸溜所のシングルモルト。ファーストフィル、セカンドフィルのシェリーホグスヘッドで熟成した原酒のみをブレンド。柑橘感のある麦の甘さとビターチョコレート。香ばしさとフルーティーさが後に続き長い余韻を感じます。日本でも現在大人気の銘柄なので入手性はあまりよくはありませんが、バーなどで試してみるのがよいでしょう。

DATA
43%／700ml／アラン蒸溜所／参考品

ベンロマック21年

ファーストフィルのシェリー樽原酒とバーボン樽原酒をヴァッティングしたスモーキーなシングルモルト。甘いフルーティーさと柑橘感のあるスモーキーな香り。味わいはレーズンや熟したリンゴ、余韻には甘く香ばしさが残ります。熟成したフルーティーさとピート由来のスモーキーさはとても上品です。

DATA
43%／700ml／ベンロマック蒸留所
ジャパンインポートシステム

ジュラ21年

アイラ島のすぐ近くのジュラ島にあるジュラ蒸溜所のシングルモルトです。この21年は2010年に蒸溜所設立200周年の際に発売された「21年」を定番化したもの。ボトラーズからのリリースも多く価格もリーズナブルで試しやすい銘柄です。シェリー樽由来のフルーティーさ、穀物の甘さにチョコ―レートの様なコクとほろ苦さが絶品です。

DATA
40%／700ml／ジュラ・ディスティラリー／参考品

Part 5

飲んでみたいウイスキー 飲み比べしたいウイスキー

サントリーのシングルモルト「山崎」と「白州」を飲み比べ

概要

現在、人気殺到で入手困難なサントリーのシングルモルト「山崎」と「白州」ですが、**コンビニエンスストアで定期的に180ml のミニボトルが発売されることがあります**。「飲んだことがない」「一度飲んでみたい」という方におすすめです。発売情報などはCROSSROAD LAB の動画でも紹介しています。

テイスティング

まずは「山崎」をストレートで飲んでみます。香りは華やかでベリーのフルーティーさを感じます。味わいはハチミツのようなトロっとした甘味、ドライフルーツのようなフルーティーさ、若干ビターでスパイシー。フルーツのような酸味。余韻はバニラのような甘味が残ります。

次に「白州」。香りは青リンゴのようなさわやかなフルーツ香とバニラ香。味わいはまろやかで控えめな甘さ。余韻にウッディな渋み、スッキリとした味わいです。**「山崎」とは対照的な部分もあり共通点もあります。**

続けてロック。「山崎」はトロッとしていて、よりハチミツ感が強調されますが、余韻は若干ビターになるので、少し加水をして調整してもよさそうです。華やかでフルーティーさもあります。

「白州」はバニラのような甘さがより強調され、「山崎」と比べるとよりマイルドな印象。**口に長く甘さが留まるので満足感が得られます。**

次はハイボールです。「山崎」は飲んだ瞬間、ハチミツ感が強調されて華やかさを感じます。口触りはクリーミーで飲みごたえがあり、若干の渋みも感じます。ただ口の中に甘さが残るのでそれが嫌な方もいるかもしれませんが、個人的にはネガティブ要素はありませんでした。

「白州」は少しビターでほのかな甘味、かすかなスモーキーさと、森を思わせるウッディさが余韻に残り、みずみずしい清涼感を感じます。軽やかな口当たりですが、決してライトすぎないところがポイントですね。

日本を代表するシングルモルトでもある「山崎」と「白州」。さまざまな飲み方が楽しめるバランスのいい味わいで、その人気はとどまることを知りません。シングルモルトのハイボールは価格的にもお手軽とはいきませんが、じっくり味わいを感じながら試してみてはいかがでしょうか。

ハイボール人気No.1「フロム・ザ・バレル」を紹介

概要

「フロム・ザ・バレル」は1985年発売のニッカウヰスキーを代表するブレンデッドウイスキー。アルコール度数はなんと51%。サイトに「樽出し原酒」と記載があるためカスクストレングスだと思われがちですが、最低限の加水をしてアルコール度数を揃えています。

ウイスキーをブレンドしてから再度樽に入れて熟成させる「マリッジ製法」で造られており、調和のとれた味わいです。

2015年にインターナショナル・スピリッツ・チャレンジで最高賞、ワールド・ウイスキー・アワード2009でベストジャパニーズブレンデッドウイスキー賞、ベスト・ジャパニーズ・ブレンデッドウイスキーのノンエイジの部門で5年連続で受賞するなどの受賞歴があり、海外でも評価されています。

テイスティング

まずストレート。

香りはバニラ感が強く、甘い香りとウッディーさがあります。飲んでみるとバニラ感が強く、コクがあり重厚さとクッキーのような甘さもあります。度数が高く濃厚な味わいなので、このままで十分美味しくいただけます。最後まで甘さが残り、余韻にネガティブさを感じません。**度数がきつく感じる方は、少しずつ加水するのがおすすめ**です。少し水を足すととても口当たりがよくなり、先ほどまでの香りが一気にほぐれてきて、フルーティーな香りに変化していきます。味わいもとてもまろやかになりました。

続けてロック。まろやかになりますが冷やされたことにより甘さが抑えられ余韻がビターになります。飲んだ瞬間の口当たりはとても甘く感じます。

次はハイボールを飲んでみます。

フルーティーな味わいや甘みもあり、うっすらスモーキーさも感じますが、どれも極端に突出せず**バランスがよく、度数の高さから味わいもしっかりとしている**ので飲みごたえがあります。余韻にはシェリー樽原酒由来と思われるフルーティーさもかすかに感じ、高い満足感が得られるのではないでしょうか。

「フロム・ザ・バレル」は現在人気の銘柄で適正価格でネット販売していてもすぐに売り切れてしまいます。ただスーパーなどのお酒コーナーに入荷することの多いウイスキーでもありますのでこまめにチェックしてみてはいかがでしょうか。

サントリー「響」2種を飲み比べ「ジャパニーズハーモニー」&「ブレンダーズチョイス」

概要

日本の最高級ブレンデッドウイスキーを作るというコンセプトで生まれたサントリーのブレンデッドウイスキーで、**「山崎蒸溜所」、「白州蒸溜所」、「知多蒸溜所」の原酒がすべてブレンド**されています。どちらもノンエイジタイプですが「ブレンダーズチョイス」には長期熟成原酒やワイン樽熟成原酒が使用されていて、よりリッチな仕様になっています。

テイスティング

まずは「ブレンダーズチョイス」のストレートを飲んでみます。

香り立ちがよく、甘い香りとハチミツ、そして柑橘感があります。**甘さは控えめでフルーティーさと若干のスパイシーさ**があります。余韻はウッディな渋みとビターなチョコレートのような味わいが残ります。

続いて「ジャパニーズハーモニー」。香りはフルーティーで華やかですが、同時にアルコール感もあります。飲んでみると**優しい甘さやハチミツのようなコク**を感じます。余韻は少しのスパイシーさとビターさが残ります。

次にロックで飲んでみます。

「ブレンダーズチョイス」から。柑橘系のさわやかで華やかな感じの印象で、余韻はビターですが、苦みだけが強調されるようなことはなく、樽由来と思われるウッディな味わいが余韻に残ります。

このまま水を足して水割りで飲んでみましょう。**水割りにすると甘さが抑えられ、ビターな味わいが強調**されました。

続いて「ジャパニーズハーモニー」をロックで。氷が少し溶けたことで、若干感じたアルコール感がなくなり、フルーティーさが強調されます。余韻にはビターな味わいが強く出るので**少し加水をしながら調節する**のがよいでしょう。

水割りにしてみます。フローラルな香りとウッディな香りがうっすら鼻に抜け、口の中で温まっていくとほのかな甘みを感じます。「響」は昔からスナックやクラブでのボトルキープ用の需要が圧倒的に多いので、水割りやロックでのバランスが考えられているのかもしれません。

「ブレンダーズチョイス」に関しては休売している「響17年」の後継として飲食店向けに発売しましたが、**「響17年」とは味の方向性が違います。**

なかなか手に入らない2本かもしれませんが、バーなどの飲食店では常備されていることも多いので、飲み比べてみてはいかがでしょうか。

家でリッチなハイボールに！「サントリーローヤル」を紹介！

概要

サントリー創業60周年を記念して、「サントリーオールド」の上位版として作られた銘柄。創業者でもある鳥井信治郎の遺作といわれており、ボトルは「酒」という漢字のつくりの部分をモチーフにデザインされています。内容量が660㎖のスリムボトルも発売されていますが、スリムボトルはスクリューキャップで保存にも適しています。

テイスティング

まずはストレートで飲んでみます。

香りはとても上品で、青リンゴのようなフルーツ感もあり、レーズンを思わせるベリー系の香りがします。この2つがいい具合に融合していて、**直感的に「いい香り！」と感じる香り**です。「上品」や「華やか」という言葉がとても合っています。味は甘味が強く、トロッとしたハチミツのようなまろやかさがあり、余韻にはうっすらとレーズンのようなフルーティーさが残り、バランスのよさを感じます。甘いのが苦手な人には少し甘すぎると感じるかもしれません。

次はロックで飲んでみたいと思います。ロックにはさまざまな好みがあり、しっかりステアをして冷やして飲むのが好きな方もいれば、徐々に変化を楽しむ方もいます。今回は後者で飲んでみます。口当たりは熟したベリーの甘さとさらに強調されたバニラ感が口全体に広がります。少しだけ冷えているので、余韻に若干ビターな味わいが出てきました。シェリー樽由来のフルーティーなレーズン感があると言われる方も多いですが、**しっかりとバーボン樽由来のコクのあるバニラフレーバーも感じます**。ロックは冷えていくにつれ、どんどん甘さが抑えられていくので、温度による甘さの調節もできます。それでも甘く感じるときは加水してみてください。

今度は水割りで飲んでみます。ふわっと華やかなで上品な香り、口当たりはまろやかでコクと甘味が感じられ、余韻はすっきりとしていますが心地がいいフローラルなアロマが口に残ります。

最後にハイボールです。

フルーティーで、若干シャープ。ハチミツのような甘さがあり、高級感があります。味がしっかりしているので、食事と一緒にというより、食後にじっくり飲むのに向いているのではないでしょうか。炭酸の量を増やして薄めの配合にすれば、食事にも合うかもしれません。

安定のジャパニーズブレンデッド「サントリーオールド」&「スペシャルリザーブ」

概要

ジャパニーズウイスキーの歴史で外せないのがこの「サントリーオールド」と「スペシャルリザーブ」です。歴史は古く、「サントリーオールド」が正式に発売されたのは1950年、「スペシャルリザーブ」が発売されたのは1969年と、どちらも**数十年の間、終売することなく日本人に愛されてきた銘柄**です。2つともサントリー所有の「山崎蒸溜所」「白州蒸溜所」「知多蒸溜所」の原酒のみをブレンドしたジャパニーズ・ブレンデッドウイスキーです。その2本を紹介したいと思います。

テイスティング

まずは「サントリーオールド」から。

ストレートでは、シェリー樽由来と思われるレーズンのような華やかなフルーティーさがあり上品な香りがします。味わいもフルーティーでしっかりとしたボディ感もあり、アルコールも丸みを帯び角がなく、飲みごたえもあります。ロックにすると甘さは抑えられますが、ふわっと口に広がるレーズンのような華やかさ、余韻には、ほのかな甘みが残ります。ハイボールにしても、特徴ある華やかなフルーティーさがそのまま出るバランスのよさ。**どの飲み方でも味が崩れず万能的なブレンデッド**です。

次に「スペシャルリザーブ」。

ストレートでは、ほのかな青リンゴのさわやかさがあり、樽由来のしっかりとしたバニラの甘さや余韻に感じるフルーティーさも心地がよいです。ロックにしても甘さがしっかりと残り、まろやかになるので**じっくり飲む一杯としても活躍しそう**。ハイボールは青リンゴ感が増し、ほのかな甘さと、まろやかさがあり、余韻に酸味とビターさを感じます。

昔は高価で、庶民の憧れのウイスキーだったこの2本ですが、今では人気のシングルモルトの影に隠れ、少し目立たない存在になっているような気がします。ボトルデザインも昔からほとんど変わらないことから、古臭いイメージを持たれている方も多いと思います。しかし、他の人気ウイスキーと比べても引けをとらない美味しさと、**ジャパニーズウイスキーならではのバランスのよさがある**のではないでしょうか。

どこでも買えるリーズナブルで**バランスのよいメイド・イン・ジャパンのウイスキー**に、非の打ち所はないのかもしれません。

最強コスパの一角！
「ブラックニッカ」3種を飲み比べ

概要

ニッカウヰスキーが販売するブレンデッドウイスキー「ブラックニッカ」は**1952年に発売された歴史のある銘柄**で、日本では「サントリー角瓶」に次ぐ売り上げを誇ります。現在は4種類発売されていますが、今回は人気の「ディープブレンド」「リッチブレンド」「スペシャル」を飲み比べます。

テイスティング

まずはストレートです。

「スペシャル」から飲んでみます。ハチミツのような香り、奥のほうに華やかなシェリー感、土っぽいスモーキーさも感じます。味わいは香りをそのまま反映したような**ハチミツ、ドライフルーツ、ピートをバランスよく感じます。**「ディープブレンド」は、ウッディさとバニラのようなコクがあり、奥のほうに少しトロピカルなフルーティーさも垣間見えます。**飲みごたえのある味わい**でした。

「リッチブレンド」はまさにシェリー樽由来の華やかでフローラルな香り。味わいはフレッシュで軽やか。ほのかな甘さと香ばしさがあります。

続けてロックで飲んでいきます。

まずは「スペシャル」。レーズンのようなフルーティーさが目立ちます。味は冷やしてもトロッとした蜜のような甘味が残ります。

次は「ディープブレンド」ですが、ロックにすると途端に焦げっぽくなり、甘さが抑えられ、ピートが前面に出てきます。少しビターになりますが、バランスはよいです。

そして「リッチブレンド」。冷やすと甘みが抑えられ、ドライフルーツのフレーバーが出てきます。リッチというほど濃厚ではありませんが3本の中で一番ビターな味わいでした。

ハイボールでも飲んでみます。

「スペシャル」から。少量口に含むとフルーティーな味わい、クリーミーな口触り、余韻にはかすかなスモーキーさが残ります。

続いて「ディープブレンド」。ハイボールにするとアルコール度数の高さが顕著になりしっかりとしたバニラのコクが感じられ、濃い味わいで飲みごたえがあります。

一方「リッチブレンド」のハイボールは、途端にシェリー樽感が出てきます。ロックのときにも感じたビター感があり、甘さとほろ苦さが絶妙です。

「ブラックニッカ」シリーズのこの3本はコスパのよいウイスキーとして大人気です。さまざまな飲み方で美味しくいただけますので、是非、試してみてください。

ニッカウヰスキーから6年ぶりの新商品 ブレンデッドモルト「ニッカ セッション」

概要

ニッカから6年ぶりに発売された新ブランド。**余市蒸溜所と宮城峡蒸溜所**、さらに、**ニッカが所有するスコットランドのベン・ネヴィス蒸溜所のモルト原酒を中心に、スコットランドの複数のモルト原酒をブレンド**したブレンデッドモルトです。

テイスティング

まずはストレート。

とてもフルーティーな香りでさわやかですが、若干のスモーキーさもあり、柑橘系の要素もありますが、どちらかというと甘いフルーツの香りです。そこまで濃厚ではないですが、蜜のような甘さがありなめらかな口当たり。多めに口に含むと、余韻にスモーキーさが残ります。ビターさもありますが気にならない程度で、スイスイ飲んでしまうような飲みやすさがあります。

少し加水してみます。

水を加えるとさらになめらかになりますが、ビター感が強調された感じがあります。ライトな酒質なのかと思いましたが、そこまで軽やかではなく、蜜のような甘さがボディに厚みを出しているのかもしれません。

続いてロックです。

甘さが抑えられ、少しビター感が前に出てきます。極端ではないですが、ロックを飲み慣れている方なら、これくらいのビター感は許容範囲じゃないかと思います。しっかり冷やすと甘さが抑えられさっぱりした味わいに。

ロックから少し加水します。

ビターな味わいが柔らかくなり、柑橘感のあるフルーティーな味わいを感じます。

続いてハイボール。

クリーミーさが増し柑橘感のある果実香が鼻に抜けさわやかさを感じます。公式には「セッションソーダ」という名前でハイボールの割合が書かれており、**ウイスキー1：炭酸3**だそうです。「ニッカ セッション」の個性をハイボールでもしっかり感じたい場合はウイスキーの割合をもう少し増やしてもいいかもしれません。ただ、このさわやかさは食事には合いそうです。個性が控えめで軽やかなハイボールになるため、食事を邪魔しないでしょう。少しずつ濃さを調整して、そのときちょうどいい割合のハイボールを見つけてみてはいかがでしょうか。

キリンの新商品「キリンシングルグレーンウイスキー 富士」

概要

「キリンシングルグレーンウイスキー 富士」はキリンが2020年に発売したシングルグレーンウイスキーです。キリンの富士御殿場蒸溜所では3つの異なるタイプの蒸留器でグレーンウイスキーを製造しており、すっきりした軽やかなスコッチタイプの原酒、バーボンタイプの原酒、そしてカナディアンタイプの原酒の3タイプをブレンドしています。高級感のあるボトルデザインで、瓶底には富士山がデザインされています。

テイスティング

まずストレートでいただきます。香りはかなり甘いフルーティーさがあり樽由来のウッディさを感じます。同時期に発売された「陸」と比べるとよりバーボンタイプの原酒の要素を感じます。飲んでみると**口当たりはまろやかで熟したリンゴのような味わい**、カナディアンタイプのスパイシーさも感じます。余韻はウッディな香りをほのかに残します。

加水してみます。1滴の加水でも、香り立ちがさらによくなり、甘さが増します。続けて加水をすると樽由来と思われるタンニンも感じやすくなりました。

次はロックです。ロックにすると甘味がすごく強調されたように感じます。一般的にロックだと甘味は抑えられる場合も多いですが、「富士」は冷やすと熟したリンゴのような甘さが前面に感じられました。半面ビターチョコレートのような苦味のある風味も感じられます。全体的にクリーミーさが増して、**じっくり少しずつ飲むのに向いています。**

続いてハイボールですが、ハイボールは途端にさっぱりしました。1対3の割合だと**軽やかでほのかに甘さの残る味わいで食事とも合わせやすい**でしょう。より個性を感じたい場合はウイスキーの量を調整します。

最後に、キリンのホームページに載っているマスターブレンダー田中城太氏の提案する飲み方を試します。まず大ぶりのワイングラスに注いで、ストレートで飲みます。グラスを回すと香りが引き立つとのことですが、空気に触れる量が多い分、**アルコールの揮発とともに香りが強くなりました。**もうひとつは、小指の先くらいの氷をひとかけら入れるという飲み方です。氷を入れて少しだけ温度を下げることで味が引き締まるとのことです。ウイスキーは温度や加水によってその表情を変えてゆきます。そのときのお好みに合った温度で味わいを変えてみるのも面白いですね。

「ザ・グレンリベット」4種を飲み比べ

概要

スタンダードな味わいで、シングルモルトスコッチの入門向きとしてもよく紹介されます。また英国政府公認第一号の蒸溜所としてもあまりにも有名です。名前の意味はゲール語で「静かなる谷」を意味しています。

テイスティング

「12年」をストレートで飲んでみます。香りはさわやかで、ミントのようなスッとした清涼感。飲んでみるとバニラや、メロンの果肉のような味わいが感じられます。アルコール感はさほどありません。**ロックで飲むと、甘みが抑えられる分、清涼感がさらに増します**。口の中で温められることで甘みが少しずつ口全体に広がります。ハイボールはさわやかな味わいですが、よりクリーミーな舌ざわり。甘味はうっすら、余韻は少しビターになります。

続いて「ザ・グレンリベット ファウンダーズリザーブ」。重めの甘い香りで、黒糖やレモンの皮のような香りがします。「12年」と飲み比べてみると**重心が少し重めなミドルボディ**。さわやかさよりクッキーや黒糖のような甘みを感じます。まろやかで飲みごたえもあります。ロックでは、よりビターさが顔を出し濃厚さを感じます。ハイボールでは、今までなかったリンゴを感じます。ビターさは炭酸で緩和され飲みごたえがあります。「12年」が清涼感のあるクリーミーなハイボールだとしたら、こちらは**フルーティーなハイボール**ですね。

次に「15年」です。注ぎたては少し硬め。空気に触れるにつれ、フルーティーさが増し、ナッツの薄皮のような渋みもあります。口当たりはぶどうのようなみずみずしさと、コクを感じます。ロックではまろやかな口当たり、ビターさも軽減され甘めなロックをじっくり楽しめます。

最後に「18年」です。4本の中では一番香り立ちがよく、バーボン樽の甘みがしっかりあるうえに、シェリー樽のフルーティーさが乗り、上品な味わい。ロックにするとクリーミーでなめらかな味わいが口全体に広がります。ハイボールは**クリーミーな口当たりとレーズンのようなフルーティーさ**を感じ、飲みごたえ抜群です。

今回の4本は、全体的に価格も手頃でバーなどの飲食店でも見かけることが多いと思います。さまざまな飲み方に対応できるバランスのよさがありますので、機会があれば、飲み比べをしてみてはいかがでしょう。

何が違う？　高級ウイスキーの代名詞「ザ・マッカラン」定番3種を飲み比べ

概要

世界でもっとも市場価値の高いウイスキーとしても知られ、「シングルモルトのロールスロイス」とも評される、「ザ・マッカラン」。

今回は定番品３種の飲み比べ。「シェリーオーク」と「ダブルカスク」はシェリー樽原酒のみ。「トリプルカスク」は2種のシェリー樽原酒とバーボン樽原酒をブレンドした構成になっています。

テイスティング

まずは「ザ・マッカラン シェリーオーク12年」。香りはフローラルで華やかなレーズンのフルーティーさ、バニラのような甘さ、タンニンの渋み。味わいは**ドライでスパイシー、かつ軽やか**です。コーヒーのような香ばしさとビターな余韻もあります。ロックで飲むと、**シェリー樽由来のレーズン感が前面に出てきます。**氷が溶けると軽すぎなのではと思いましたが、口の中で留めておくとじわっとバニラの甘さやレーズン感が広がります。冷やしたほうがシェリー樽由来のニュアンスがより前面に出てきて、ライトなボディ感をカバーします。ハイボールでは、余韻に優しいフルーティさが残る、上品な味わい。シェリー樽系ウイスキーのハイボールはえぐみが強調されたり、焼けたゴムのようなフレーバーが強調されたりする場合もありますが、**ライトボディであるためかソーダにもよく合います。**

次に「ザ・マッカラン ダブルカスク12年」。フルーティーな香りとウッディなタンニンからくる渋みを感じます。飲むとしっかりとした甘みがあり、余韻はビターで、後半はそれがより強くなります。**コーヒーのようなコクと香ばしさ**も感じます。香りの華やかさは「シェリーオーク」のほうが強いですが、「ダブルカスク」には重厚さがあり、ロックでは、シェリー樽由来のえぐみと、コーヒーのような香ばしさがより前面に出ました。ハイボールでは、ビターさは緩和されますが、**しっかりとしたボディ感があり、飲みごたえのある味わい**になりました。

最後は「ザ・マッカラン トリプルカスク12年」。フルーツの酸味と若干パイナップルのようなトロピカル感の他、バーボン樽由来の味わいを感じます。ロックにすると、バニラのような甘さやコクを感じられ、レモンの皮のような苦味、柑橘感があります。ハイボールにすると、途端に特徴が隠れ、ライトで軽やかな味わいになりますが、**濃いめに作ると、ハチミツ感のある味わいが楽しめます。**

シェリー樽系シングルモルトの新定番「グレンアラヒー」の紹介と飲み比べ

概要

シェリー樽系のシングルモルトといったら「ザ・マッカラン」や「ダルモア」などが定番ですが、「グレンアラヒー」は新定番の銘柄。ウイスキー業界の名プロデューサー、ビリー・ウォーカー氏がグレンアラヒー蒸溜所を買収し、それまでブレンド用の原酒製造がメインだった蒸溜所から、新たに定番品を次々に発売し世界的な品評会で高い評価を受けています。現在ウイスキーファンが注目する蒸溜所のひとつです。

テイスティング

定番品の「12年」と「15年」を飲み比べます。

まずは「12年」です。赤ワインのようなタンニン、フルーティーかつハチミツのような芳醇な香り、口に含むと最初はハチミツのような甘さとドライフルーツ、余韻にはコーヒーのようなコク。カカオのようなビター感が残ります。**シェリー樽系のえぐみが苦手な方でも特に抵抗なく飲めるバランスのよさ**があります。

次は「15年」。こちらはオロロソシェリー樽原酒と、極甘口のペドロヒメネスシェリー樽原酒をヴァッティングした濃厚なブレンド。「12年」よりさらに**濃厚で甘味も強く、みたらし団子を連想する甘い香り**が特徴。香ばしさもあり、砂糖をまぶしたレーズンのような、ぎゅっと凝縮したベリー系のフルーティーさがあります。余韻にはわずかに柑橘感も感じます。次に小さめの氷を入れ、少しずつ冷やしながら飲んでみます。「12年」は冷やすと甘さが控えめになりフルーティーな香りが突出し、すっきりとした味わいになります。「12年」も「15年」もとてもロックに合う味わいではないでしょうか。

次にハイボール。

「12年」はクリーミーでフルーティーなハイボールになり、飲みごたえがあります。「15年」は、レーズンのようなフルーティーさがしっかりと感じられ、余韻に若干焼けたゴムのようなニュアンスはあるものの、えぐみの強いシェリー樽系ウイスキーと比べるとバランスはとてもよいです。「グレンアラヒー」は同じ「12年」でも**リリース年によって味わいも変わるため、一期一会の出会いがあるかも**しれません。

今回の「12年」と「15年」もキャラクターがはっきりと分かれているので是非好みを見つけてみてください。

人気急上昇！ 激うま魅惑のシェリー樽！「グレンドロナック」

概要

「グレンドロナック」はシェリー樽熟成のシングルモルトスコッチとしては定番の銘柄のひとつ。1826年設立以降、何度もオーナーが変わりながら、時代によって製法を変えてきました。現在は「ジャックダニエル」を所有するブラウンフォーマンが所有する蒸溜所です。シェリー樽熟成にこだわった造りに定評があり、ラインナップも豊富です。

テイスティング

今回比べるのは「グレンドロナック ピーテッド」と「グレンドロナック トラディショナリーピーテッド」です。ノンピートが主体のグレンドロナック蒸溜所からあえてイレギュラーなピーテッドタイプの２本を選びました。名前からは違いがわかりづらい２本ですが、「ピーテッド」はバーボン樽原酒とオロロソシェリー樽、ペドロヒメネス・シェリー樽の原酒をヴァッティング。「トラディショナリーピーテッド」はシェリー樽原酒にポートワイン樽原酒をヴァッティングしています。

まずは「ピーテッド」から。フローラルで、バニラ感のある甘い香り。酒質は軽やかで、甘さとともに最後は木を燃やしたようなスモーキーさが鼻に抜けていきます。通常の「グレンドロナック」と比べると、**シェリー樽原酒のフルーティーな特徴は少ないですが、バーボン樽由来のバニラのような甘味を感じます。**

次に「トラディショナリーピーテッド」です。こちらはしっかりとしたピートの香りとシェリー樽由来のフルーティーさを強く感じ、2つの特徴ある香味が**より複雑なフレーバーをもたらします**。スモーキーな余韻と同時にシトラスの柑橘感や糖蜜のような甘さが口に長く残ります。

ハイボールでも飲んでみます。「ピーテッド」は甘さが抑えられスモーキーな焦げ感が強調されます。「トラディショナリーピーテッド」はもともとのシェリー樽由来のフレーバーが強く、スモーキーさと相まって個性的なハイボールです。飲みごたえはありますがピーテッドウイスキー好きでも好き嫌いがはっきり分かれる個性のある味わいではないでしょうか。

グレンドロナック蒸溜所はハイランドの蒸溜所ですが、**アイラ島のピートのようなヨード感はなく木を燃やしたようなドライでオイリーなスモーキーさがあります。**

売り上げ第7位のシングルモルト「トマーティン」とは？

概要

スコットランド、ハイランドのトマーティン蒸溜所から定番品の「トマーティン12年」と「トマーティンレガシー」の紹介です。

トマーティン蒸溜所は1897年創業。1974年にはスコットランド最大のモルトウイスキー蒸溜所に。1980年代に経営不振に陥り、1986年に日本の企業が買収。日本の企業が最初に所有したスコッチの蒸溜所でもあります。現在は生産量を抑え、質を重視しシングルモルトにも力を入れています。

前述のとおり、日本の企業が所有する蒸溜所なことから、スーパーなどで見かけることの多いシングルモルトです。日本でのシングルモルトスコッチ販売数量は第7位です(2019年醸造産業新聞社)。

テイスティング

まずは「レガシー」から。濃厚なバニラ、その後にフルーティーな青リンゴ。フレッシュで軽やかなアロマを感じます。口に含んだ瞬間にバニラと素朴な麦芽の甘味が口全体に広がり、ビターな余韻が残ります。アルコール感はありますが、新樽を使っているせいなのか、**ウッディな樽感**があり氷を入れると、甘さが抑えられビターさが強調されます。

次に「トマーティン12年」。こちらはバーボン樽、リフィルのホグスヘッド、シェリー樽で熟成した原酒をヴァッティングし約8カ月間シェリー樽で熟成して仕上げたシェリーカスクフィニッシュ。香りは華やかでバニラやレーズンといったシェリー樽由来の要素が強く、スタンダードな定番品としては個性的。味もしっかりとした**シェリー樽由来のフルーティーさもありほのかなピートも感じます。**口当たりは甘いのですが、同時にフレッシュなアルコールの刺激も感じます。複雑な味わいから、好みがはっきり分かれそうです。ロックにすると、徐々に加水されるのでアルコールの刺激が和らぎ、まろやかな口当たりに。レーズン感が増し、クリーミーな口触り。ハーフロックにするとバランスがよくなりました。

続いてハイボールです。「レガシー」は思ったよりすっきり。余韻にほろ苦いビターさが残りドライな印象。食事に合わせやすい味わいです。「12年」は**典型的なシェリー樽由来の香味が強く強調されフルーティーなフレーバーと同時に若干のクセを感じます**。程よくピートの余韻もあり、飲みごたえもありますが、人を選ぶかもしれません。

大人気の「アードベッグ」スタンダード5種飲み比べ

概要

スコッチウイスキーの中でも一、二を争うクセの強さで有名な「アードベッグ」。アイラ島のアードベッグ蒸溜所で造られ、今やピート好きには大人気銘柄で、世界中に熱狂的ファンがいます。今回紹介するのは定番品の5種。左から「アードベッグ 10年」「ウィー・ビースティー 5年」、「アン・オー」、「コリーヴレッカン」、「ウーガダール」です。

テイスティング

まずは「アードベッグ 10年」。バーボン樽で10年以上熟成した原酒をブレンドしたもので、**甘さとスモーキーさのバランスが抜群**です。柑橘系の香りや薬品のような香りも特徴のひとつで、余韻にスモーキーな焦げ感はありますが、全体的にドライで甘くてまろやかです。ロックにすると、焦げ感と甘さが強調され、ハイボールにすると、麦芽の甘味やバニラを感じます。「10年」は**どんな飲み方をしても個性がバランスよく感じられます。**

次に「ウィー・ビースティー 5年」。バーボン樽の他、オロロソシェリー樽原酒も使用。ライトでフレッシュですが、シェリー樽由来の特徴ある味わいと香りがしっかり感じられます。

次に「アン・オー」。バーボン樽原酒の他、甘さをもたらすペドロヒメネス・シェリー樽原酒やオークの新樽原酒も使われており、複雑な味わいに。**全体的に丸みを帯びたまろやかな味と香り**。スモーキーさも丸みを帯び、優しい味わいだからこそ「アードベッグ」特有のパンチの強さを求めると少し物足りないかもしれません。次に「コリーヴレッカン」。バーボン樽原酒の他フレンチオーク樽原酒が使われ、カスクストレングスでボトリング。スモーキーさはもちろん濡れた木のようなウッディな香りやタンニンの渋み。口当たりはまろやかですが、余韻にスパイシーさやコーヒーのようなコクがあります。加水すると途端にフルーティーな香りになり、**ウッディさが強調**されます。最後に「ウーガダール」。シェリー樽原酒とバーボン樽原酒をヴァッティングしカスクストレングスでボトリング。甘くスモーキー、ドライフルーツのようなフルーティーさ、ヨード香も感じられ、バランスがよくまろやかです。ナッツやコーヒーのようなコク、**蜜のような甘さでリッチな味わい**です。

「アードベッグ」は限定物が出るとあっという間に市場からなくなるほどの人気ですが、定番の5種は入手性が高くバラエティ豊かです。

海のシングルモルト「ボウモア」3種のタテ飲み!?　飲み比べ

概要

ボウモア蒸溜所はスコットランド・アイラ島にある蒸溜所で日本のサントリーが所有していることでも知られています。アイラ島最古の蒸溜所でもあり、アイラのピーテッド入門としても紹介されることが多く上品かつ海を感じさせる味わいから**「海のシングルモルト」ともいわれています。**伝統製法にこだわった歴史のある蒸溜所でもあり、そんな「ボウモア」から今回は定番品でもある「12年」、「15年」、「18年」を比べてみましょう。

テイスティング

まず一番スタンダードな「12年」から。香りは潮の香りを纏ったスモーキーさがあり、優しい蜜のような甘さも感じます。味はスモーキーかつビターチョコレートのコク、余韻もスモーキーさと同時に、優しい甘味も残ります。バランスがとてもよく**「12年」は安定した味わいで、アイラモルトのよさが詰まっています。**次に「15年」です。こちらはバーボン樽で12年間熟成させた原酒をオロロソシェリー樽で3年間熟成。「12年」と比べると落ち着いたピート感、レーズンのような甘さとフルーティーさを感じます。味は、蜜のような甘さとヨード感、ウッディな余韻を感じます。シェリー樽由来の味わいもありますが、えぐみはなく、優しいフルーティーさがあります。「15年」は3本の中でも特に、**世界的品評会での受賞歴も多い**とのこと。

次に「18年」。シェリー樽原酒の比率が高く、**よりフルーティーさが増したブレンド**になっています。スモーキーさもありますが熟した濃いベリーのアロマ。香りから熟成感が伝わります。味わいはチョコレートのようなコクのある甘味とスモーキーさが長く口に残ります。

次はロックです。「12年」は甘味が抑えられ、少しビターになりますがフルーティーな味わい。「15年」は優しい甘味とほどよいスモーキーさが感じられ、「18年」は冷やしても香り立ちがよく、口の中で温まってくると、徐々にチョコレートのような甘さが余韻に残ります。どれもとてもバランスがよく、冷やしても甘味とフルーティーさ、そしてスモーキーさのバランスが素晴らしいです。

今回紹介した「ボウモア」3種はどれも比較的安価で試しやすく、バーなどでも飲みやすい銘柄です。スコッチ全体で考えるとスモーキーさが目立ちますが、その奥にある味わいもしっかりと感じられます。

テロワールにこだわる「ブルックラディ蒸溜所」2種飲み比べ

概要

スコットランド・アイラ島にあるブルックラディ蒸溜所。**スコットランド産の大麦だけを使用するなど、テロワールを大切にしている**だけではなく情報の透明性も重視しています。ここではブルックラディで造り分けているノンピートタイプの「ザ・クラシックラディ」とヘビリーピーテッドシリーズの「ポートシャーロット10年」を飲み比べます。

テイスティング

「ザ・クラシックラディ」はピーテッドモルトを一切使わないノンピートタイプのシングルモルト。「ブルックラディ」のもっともスタンダードな銘柄で、さまざまなタイプの樽原酒をブレンドしています。香りはフルーティーで麦芽のアロマ。柑橘系の香りやフローラルさが徐々に強くなってきます。味わいは**麦芽の甘味やハチミツ、そして余韻はスパイシーでクリーン**。しっかりとした味わいがあります。

ロックにすると甘味は抑えられるものの、ほのかな麦芽の甘味を感じます。トロッとしたハチミツのようなクリーミーさ、少しずつ口の温度で温まり余韻に甘味が広がります。

「ポートシャーロット10年」は10年以上熟成したバーボン樽原酒を主体に、フレンチワイン樽原酒をブレンド。香りは木を燃やしたようなバーベキュースモーク。その後に柑橘感や洋菓子のような香りが続きます。飲んでみるとハチミツのような味わいと、シトラスの柑橘感や甘味をしっかりと感じます。余韻には南国のフルーツを感じることができ、**ドライなスモーキーさではありますが、その奥にはしっかりとしたフルーティーさと甘さを感じる**ことができます。ロックにすると、もともと感じていたハチミツのような甘さが引き締まり、シャープな甘さとコクを感じます。

この2種の他にも実験的な内容のスーパーヘビリーピーテッドシリーズでもある「オクトモア」シリーズが、毎年仕様を変え発売されます。全スコッチウイスキーの中でももっともフェノール値の高いシングルモルトでもあり、マニアックな内容からファンも多いです。

ブルックラディ蒸溜所は原材料や樽、テロワールにまでこだわった、スコッチウイスキーの蒸溜所の中でも革新的な存在です。**情報量も多く調べれば調べるほどさまざまな情報が紹介されており、蒸溜所の歴史や背景を知るとさらに美味しく感じる**はずです。これからどんなシングルモルトが発売されるのか、目が離せませんね。

潮風を飲む!? 大人気すぎるシングルモルト「タリスカー」とは？

概要

　スコットランドのスカイ島にあるタリスカー蒸溜所のシングルモルト。現在は「ジョニーウォーカー」で有名なディアジオが所有。「ジョニーウォーカー」の構成原酒としても重要な役割を担っています。慢性的な水不足に悩まされていましたが、数年前に海水を使った冷却システムを導入したことで解消。生産能力も年間最大190万Lから最大330万Lに大幅にアップしました。それに伴い、販売数量もどんどん上がっていて、現在の年間販売数量は全世界で300万本。日本でも大人気の銘柄です。

ラインナップ

　スカイ島は「霧の島」とも呼ばれており、その地で生まれる「タリスカー」もまるで潮風を味わっているような風味とも言われています。タリスカーの全てのラベルには、「MADE BY THE SEA」という言葉が書かれており、まさに「タリスカー」の味わいそのものを表す言葉です。

　「タリスカー」はスタンダードラインナップが少なく、またボトラーズからのリリースも少ないため、初めて飲む人があまり迷わないで済みます。

　タリスカー蒸溜所を代表するボトルが「タリスカー10年」。スモーキーで力強く、潮気をしっかり感じる味わいで、まさに**アイランズモルトの代表的な1本**です。オフィシャルサイトで紹介しているのが、「スパイシーハイボール」。これは「タリスカー10年」のハイボールに、黒胡椒を振りかけるという飲み方。公式が提案している飲み方だけあり、スパイシーでとても美味しいのでおすすめ。

　他のラインナップも紹介します。「タリスカー18年」はやさしいスモーキーさとまろやかな甘味、温かみを感じます。「タリスカー25年」はシングルヴィンテージで、年に1回ボトリング。バーボン樽の原酒のみを使用しています。他にも「タリスカースカイ」「タリスカーストーム」「タリスカーポートリー」「タリスカーダークストーム」「タリスカーディスティラリーズ・エディション」などがあります。

　タリスカーは近年のハイボール需要により大人気で、当チャンネルの「ハイボールに最適なウイスキー」視聴者アンケートでも2位に入るほどです。**ピートのスモーキーな香りとスパイシーな余韻はクセになる人が続出**。まずは「10年」のハイボールから始めてみてはいかがでしょう。

「バランタイン7年」×「バランタイン12年」どう違う？ 飲み比べ！

概要

スコッチを代表するブレンデッドウイスキー。「バランタイン」からはさまざまな熟成年数のボトルが出ていますが、「7年」という数字は1872年に「バランタイン」の創業者ジョージ・バランタイン氏がバランタイン初の熟成年数を表記したウイスキーとして世に送り出したもの。7年以上熟成したモルト原酒をさらにバーボン樽で後熟させるカスクフィニッシュ製法を採用しています。今回は価格帯の近い「バランタイン12年」と比較したいと思います。

テイスティング

「7年」から飲んでみます。香りは蜜っぽい甘さとバニラ香が感じられます。バーボン樽の影響を強く受けている香りです。次第に華やかでフローラルな香りがしてきました。飲んでみると青リンゴや洋ナシ、その後にオーク樽由来のバニラ、余韻はウッディなビターさと甘さが残ります。

次は「12年」。香り立ちがとてもよく、フローラルでハチミツやバニラを感じます。「7年」とはタイプの違う花のような香りで、より熟成感があります。まろやかで、クリーミー。余韻も長く、ナッツのような香ばしさとスモーキーさが鼻に抜けていく感じがあります。

次に公式が提案している、ワイングラスに氷を3つほど入れて飲むスタイルで飲んでみます。まずは「7年」。甘さがすっきりしますがワイングラスの特性で香りも強く感じます。**程よく冷やし適度なタイミングで氷を取り出してもよい**かもしれません。一方、「12年」は、ロックにするとキャラメルのような香ばしい甘さがあり濃厚さを感じます。全体的にボディが重めなので、飲みごたえ十分です。じっくり時間をかけて飲むのにも向いています。

次にハイボールで飲みます。「7年」の口当たりはほろ苦さが先行しますが、その後にクリーミーさを感じ、さわやかな味わい。**食事を邪魔しない**のではないでしょうか。「12年」は、口当たりがビターですがその後は、熟したフルーティー感がありほのかなスモーキーさが鼻に抜けていきます。しっかりとした飲みごたえがあり、満足感も高いです。

「バランタイン」はこの他にも年数表記のされたさまざまなラインナップが発売されています。入手性も高く気軽に試せるのが魅力のひとつ。**バランスのよさと手頃な価格から世界的にも圧倒的な販売数量を誇る銘柄**でもあります。

「シーバスリーガル 12年」&「シーバスリーガル ミズナラ 12年」

概要

スコッチウイスキーの販売数量では、ジョニーウォーカー、バランタインに次いで世界第3位。長い歴史のあるスコッチですが、スーパーなどでよく見るブレンデッドウイスキーの中のひとつでもあり、どちらも12年表記がされています。この2本の違いを見ていきましょう。

テイスティング

まずは「シーバスリーガル 12年」から。香りはフルーティーでフローラルです。飲んで最初にくるのはハチミツ感、その後に熟したリンゴのようなフルーティーさ、バニラのような甘味とコクも感じます。**飲みやすく、万人に受ける味わい**です。

次に「シーバスリーガル ミズナラ 12年」です。こちらはモルト原酒とグレーン原酒をブレンドした後、**日本原産の希少なミズナラ樽で後熟したもの。**「日本のウイスキー愛飲家のために創り上げげた」としています。香りはオレンジの柑橘感と、さっぱりしたナシのような甘さを感じ、味は、熟した青リンゴのようなフルーティーさ、余韻にはスパイシーさを感じます。「12年」とは対照的ですが濃厚な味わいです。さっぱりしてはいますが、**ライトではなく、飲みごたえも十分にあります。**甘すぎると感じる人もいるかもしれません。

ロックで飲んでみます。まずは「12年」。冷やしても甘さはしっかり残ります。口当たりは甘いですが、余韻はビター。ストレートより甘さは抑えられますが、トロッとしたハチミツ感が残り満足感があります。「ミズナラ」はロックにすると甘さが抑えられますが、ほのかな甘みとビターな余韻、スパイシーさが口に残ります。

次はハイボール。「12年」はハチミツ感が強調され、ほのかにリンゴのフレーバーが残ります。**軽すぎず重すぎないボディでバランスが秀逸**です。「ミズナラ」は、青リンゴや洋ナシが少し熟したようなフルーティーな甘さが前面に出てきます。最後まで余韻に甘さが残るので、飲みごたえは「ミズナラ」のほうがあるかもしれません。とはいえ、どちらも甲乙つけがたく、とてもバランスがよく、しっかりとした飲みごたえもあります。人気の理由がよくわかります。

古くから愛されてきた銘柄のひとつでもあり安定感も抜群でラインナップも豊富。**どんな飲み方をしても満足感のある銘柄**ではないでしょうか。現在は少ない容量のセットが発売されるなど挑戦しやすくもなっていますので、是非お試しください。

新「オールドパー」3種を飲み比べ 味の違いと紹介

概要

「オールドパー」は152歳まで生きたという英国史上最長寿といわれる伝説的な人物トーマス・パーに由来して、末永く後世に届けたいという願いからこの名がつけられました。日本とのゆかりも古く、吉田茂や田中角栄も愛飲。ボトルを斜めにしても倒れないことから、「決して倒れない」「右肩上がり」という験担ぎの意味でも愛されてきました。今回は2019年にリニューアルされた「オールドパー シルバー」「オールドパー 12年」「オールドパー 18年」を飲み比べます。

テイスティング

まずは「シルバー」から。香りは軽やかで、ハチミツとバニラのコクを感じます。口当たりはスムーズで、その後にハチミツの甘味や柑橘感があります。アルコールの刺激も少なく、**全体的に軽やかな味わい**です。

次に「12年」。ハチミツ感はより強く、こちらもライトなボディ。バニラやレーズンのような味わいも感じ、余韻にスモーキーさが残るのが特徴です。スタンダードな商品としてはライトすぎるかなと思いましたが、飲みやすさがあります。

そして「18年」。香りは強く、少し酸味のあるリンゴのようなフルーティーさがあります。「シルバー」、「12年」と比べて甘みとコクがしっかりあり熟成感を感じます。**バランスはとてもいい**です。

次にロックで飲みます。「シルバー」は、冷やすと麦芽の香りが強く出ました。甘味が強調され、スパイシーさも感じます。**ストレートより濃厚さを感じ甘味も強調されました。**「12年」は、冷やしても甘味がしっかりと残り、口全体に広がります。「18年」は、リンゴのフルーティーさが強調され、ハチミツをかけたような味わいに。どれもロックにすると特定のフレーバーが強調されてバランスがよくなります。

続いてハイボールで飲みます。「シルバー」はライトでスムーズ、ほのかなピートを余韻に感じ、食事を邪魔しません。「12年」は甘味が増し、口の中にハチミツをなめた後のような甘味が余韻として残ります。「18年」は酸味があるリンゴ感が増し余韻に蜜のような甘いフレーバーを残します。

1989年に酒税法が改正される以前は価格も高く、人々の憧れの酒でもあった「オールドパー」ですが、現在「シルバー」はコンビニでミニボトルが販売されるなど、入手性にも優れ、また安価に試せます。

日本一売れているスコッチ「ホワイトホース」2種を飲み比べ

概要

家飲みハイボール用としては最強コスパの一角、「ホワイトホース」。1890年にブレンダーにして起業家のピーター・マッキー氏によって販売開始されました。ピーター・マッキー氏はスコッチを世に広めた「ビッグ５」の１人。他は「ヘイグ」のジョン・ヘイグ氏、「デュワーズ」のジョン・デュワー氏、「ジョニーウォーカー」のジョン・ウォーカー氏、「ブキャナンズ」(「ブラック＆ ホワイト」の会社)のジェームズ・ブキャナン氏の４人です。

1908年英国王室御用達に。ウイスキーボトルに初めてガラス瓶を導入したメーカーのひとつで、売り上げを飛躍的に伸ばしたともいいます。2020年のスコッチの日本国内販売数量はダントツの1位。なんと、2位の「バランタイン」の倍の販売数量です。

テイスティング

今回はノンエイジの「ホワイトホース ファインオールド」と日本限定発売の「ホワイトホース 12年」を飲み比べます。

まずはストレート。意外と最初の香り立ちは「ノンエイジ」のほうがいいですね。ただ、時間がたつと「12年」はほのかにベリーのようなフルーティーな香りがしてきました。

味ですが、「ノンエイジ」はとても軽やか。アルコール感はそこまでなく、ほのかにハチミツのような甘さも感じます。飲みなれている方なら**そのままスイスイ飲めてしまうバランスのよさ**。「12年」は、味にもベリーのようなフルーティーさがあり、ほのかなピートも感じます。熟成感もあり、まろやかな口当たりで、しっかりとした味わいです。

次はロック。「ノンエイジ」は冷やしても香り立ちがよく、少しビターですが、冷やすことでフルーティーな部分が引き立ちます。**「12年」は冷やすことにより、ハチミツや華やかなフルーティーさが目立ち、ほのかな甘さが余韻に残ります。**

そしてハイボール。「ノンエイジ」はハイボールにすると途端にクリーミーになります。軽やかでドライ、少しフルーティーで、かすかなピート。食中酒としてもぴったりな味わいです。「12年」はすぐにフルーティーさが広がり、しっかりとしたボディ感を感じます。**食事中は「ノンエイジ」、食後は「12年」を飲むのがいいかもしれません。**

「ホワイトホース」は1000円以下で買えてしまうほどのコスパのよさ。ハイボール需要としても大人気ですが、ロックやストレートなどでも試してみると新たな発見があるかもしれませんね。

「デュワーズ」の定番5種類をハイボールで飲み比べ

概要

「デュワーズ」は歴史のあるブランドで40種類以上の原酒がブレンドされているブレンデッド・スコッチウイスキーです。近年のハイボール需要の高まりとともに日本国内では、スコッチの販売数量第3位の銘柄でもあります。今回はレギュラーラインナップでもある、デュワーズ「ホワイト・ラベル」「12年」「15年」「18年」「25年」の5本を人気のハイボールで飲み比べたいと思います。

テイスティング

まずはノンエイジタイプの「ホワイト・ラベル」。梨や青リンゴのようなさっぱりとしたフルーティーさと酸味が口全体に広がり、ほのかなハチミツ、余韻にはしっかりとしたスモーキーさが鼻に抜けます。**食事を邪魔しないさわやかな味わい**です。

次は「12年」。ボトルもズシッと重くなりコルクが使われ、高級感が増します。香りはナッツのような香ばしさ、飲むとハチミツやほのかな柑橘、クリーミーさとなめらかな味わいがあります。余韻にはウッディさ、アーモンドのような香ばしさが残ります。

次は「15年」。「デュワーズ」のラインナップとしては比較的新しい銘柄で、現在の「デュワーズ」7代目マスターブレンダー、ステファニー・マクラウド氏が作り上げたブレンドになっており、世界的品評会でも金賞を受賞しています。なお、「デュワーズ」のラインナップは**「15年」以上は700㎖ではなく750㎖に変わります**。香り立ちは少し香ばしく、さわやかなフルーツ香のあと徐々に口の中でバニラのコクと甘さも増していきます。余韻は甘味とほろ苦さが長く続き、ハイボールにしてもちゃんと個性が残ります。

次は「18年」。ジョン・デュワー＆サンズ社が所有する**5つの蒸溜所の原酒をキーモルトとしてバランスよくブレンド**。ハイボールにすると、香りは甘さ控えめで酸味のあるフルーティーさを感じます。味はナッツのような香ばしさから、バニラ感、リンゴのフレーバーとウッディな渋みが余韻に残り、ハイボールでも熟成感を感じます。

次に「25年」。こちらは40種類以上の原酒をブレンドした後、「ロイヤルブラックラ」の樽で後熟。華やかでフローラルな香りとハチミツ。クリーミーで熟したフルーティーさがあり、**上品かつ濃厚でリッチな味わい**がハイボールでも感じられます。

まずは「ホワイト・ラベル」や「12年」から比べてみてはいかがでしょう。

世界一のアメリカンウイスキー？「ジャック ダニエル」のラインナップを紹介

概要

「ジャック ダニエル」はアメリカのテネシー州リンチバーグにあるジャックダニエル蒸溜所で造られるテネシーウイスキーで、創業は1886年。創業者はジャスパー・ニュートン・ダニエル氏で、少年時代に1人の牧師にウイスキーの製造施設を譲り受けたところから始まります。その後、アメリカで最初の連邦政府公認の蒸溜所となり、1904年、ミズーリ州のセントルイスで開催された万国博覧会で「オールド No.7（後のブラックラベル）」を出品。唯一金賞を獲得して世界的に認められるようになりました。**マッシュビル（原料の構成比率）は「トウモロコシが80%、ライ麦が12%、大麦麦芽が8%」**で、トウモロコシの比率が高いのが特徴のひとつ。世界一有名なマッシュビルかもしれません。生産量は2015年頃で約1億5000万本。アメリカンウイスキーで世界一の販売数を誇ります。

ラインナップ

まず、もっともスタンダードな「ジャック ダニエル ブラック オールド No.7」。No.7の名前の由来には諸説あり不明ですが「7番目のレシピだったから」や「7人の恋人がいて7人目が一番お気に入りだった」などの説が有名です。ジャックさんはかなりのプレイボーイだったらしく、生涯独身を貫いたとのこと。ジャックダニエル蒸溜所のマスターディスティラー曰く、出荷している**「ジャックダニエル」の50%はコーラ割りで飲まれているとか。「ジャックコーク」はあまりにも有名**なウイスキーカクテルです。

次は「ジャック ダニエル ジェントルマン ジャック 」。こちらは1988年発売。チャコールメローイング製法を2度繰り返し、「オールド No.7」よりもソフトでなめらか上品な味わいです。

次は「ジャック ダニエル シングルバレル」。こちらは1997年発売。「天使のねぐら」と呼ばれる熟成庫の中でも最上階で熟成され、特別な樽のみからボトリングしています。最上階は温度も高く、樽の中の原酒が一番早く蒸発するのでその分「天使の分け前」が多く、熟成がより早く進みます。通常は毎回同じ味を作るためにたくさんの樽をブレンドして「ジャック ダニエル」という味を作り出しますが、そのままでも十分出来がいい樽などは、他の樽とヴァッティングせずシングルバレルとして瓶詰めされます。**高級感と特別さを兼ね備えた1本ですが単一の樽なので、樽によって味が変わる**のが面白いですね。

ハイボールにも最適！　クラフトバーボン「メーカーズマーク」とは？

概要

クラフトバーボンとしては日本でもっともメジャーな「メーカーズマーク」。現在は、日本のサントリー所有の蒸溜所でもあります。もともとはスコットランド出身のサミュエルズ家が創業。アメリカのケンタッキー州に移住したロバート・サミュエルズ氏が農作業の傍らウイスキーを造り始めました。その後ロバートの孫で3代目テーラー・ウィリアム・サミュエルズ氏が蒸溜所を設立、本格的なバーボンウイスキー製造に乗り出しました。

1951年には６代目ビル・サミュエルズ・シニア氏が蒸溜所を移転。**ライムストーンウォーター（石灰岩で濾過された水）が湧出す湖の水を用い、できるだけ機械を使わず、人の手で造るクラフトバーボン造り**を開始。1959年、ついに「メーカーズマーク」を発売しました。「メーカーズマーク」のこだわりは、ライ麦の代わりに冬小麦を使うことでマッシュビルは「トウモロコシが70%、冬小麦が16%、大麦が14%」。まろやかな独自のテイストを生み出しています。

また**「メーカーズマーク」といえば、赤の封蝋**ですが、これは６代目の妻、マージー・サミュエルズ女史が考案。名前やロゴを考えたのも彼女だったそうです。

ラインナップとしては通常の「メーカーズマーク」のほか、熟成後に樽の中にフレンチオークを入れて後熟させる（インナーステーブ製法）「メーカーズマーク46」が一般的です。

テイスティング

通常の「メーカーズマーク」と「メーカーズマーク46」を飲み比べします。

まずストレート。「メーカーズマーク」はバニラ香が強く、メープルシロップをかけたような甘い香り。**なめらかで優しいバニラの味わいで、**余韻にスパイシーさも残ります。

「メーカーズマーク46」は濃厚な甘い香りと木香、ほのかな柑橘香。味わいはメープルシロップやキャラメルなど、さらにリッチな味わいと穏やかなスパイシーさ。余韻は長くウッディな渋味。熟成感を感じます。

「メーカーズマーク」はどこでも販売されていて大量生産のイメージがあるかもしれませんが、いまだに手作業の多いクラフトバーボンです。「メーカーズマーク」が歩んできた歴史を知るとさらに味わいも変わってくるのではないでしょうか。さまざまなサイズも発売されていますので、是非お試しください。

世界が注目する台湾シングルモルトウイスキー「カバラン」とは？

概要

カバラン蒸溜所は2005年落成の、缶コーヒーやミネラルウォーターなどを販売している、台湾の老舗飲料メーカー金車（キングカー）グループが所有する、台湾初のウイスキー蒸溜所です。

世界的な蒸溜コンサルタント、ジム・スワン博士にコンサルティングを受け、博士協力の下蒸溜所が建てられました。最初のカバランウイスキーが発売されたのは2008年ですが、今や世界中の名だたる品評会で**600以上の最高金賞及び金賞を受賞**しています。

「カバラン」が有名になったきっかけはさかのぼること2008年。蒸溜所を訪れたスコットランドの評論家チャールズ・マクリーン氏が「カバラン」の出来に驚き、2010年に行われたスコットランドの新聞社主催のブラインドテイスティングイベントに「カバラン」をこっそり出品。結果は、どのウイスキーも、30点満点中10点台と厳しい評価だったにもかかわらず、なんと「カバラン」だけが27点をとって圧勝。誰も無名の台湾ウイスキーが入っていることを知らなかったので、結果を知った審査員たちを驚かせました。これがネットニュースになって世界中に「カバラン」が知れ渡ったというわけです。

カバラン蒸溜所のある宜蘭県は亜熱帯気候により、**スコットランドと比べると熟成が早く進むとのこと。エンジェルズシェアも年間約10% にもなるそうで、これはスコットランドの約3倍ほどの量**です。

ラインナップ

次に「カバラン」のラインナップから一部を紹介します。

まず、「カバラン クラシック」。「カバラン」から2008年、**最初に発売された記念すべきシングルモルト**でもあります。2010年のブラインドテイスティングイベントのウイスキーがまさにこれ。バーボン樽、シェリー樽、オークの新樽で熟成した原酒で構成されていて、飲み飽きしません。「カバラン」のブレンダーチーム曰く「無人島に１本持っていくならこれ」とのことです。

その他には低価格帯で入手性の高い「カバラン ディスティラリーセレクト No.1」や「カバラン」を代表する、樽にこだわったシングルカスク、カスクストレングスの「ソリストシリーズ」などさまざまなシリーズが発売されています。

今やウイスキーファンの間ではメジャーな存在となった「カバラン」。驚異の受賞歴を誇る実力を試してみてはいかがでしょうか。

※掲載ボトルは著者私物

世界が注目するインドのウイスキー「アムルット」を紹介

概要

インドのウイスキー「アムルット」を紹介します。1948年、ラダ・クリシュナ氏により創業されたアムルット蒸溜所。1987年に現在の場所に蒸溜所を建設。1989年にはイギリスから蒸留酒コンサルタントのジム・スワン博士とハリー・リフキン氏を呼び、製造工程を改善して品質にさらに磨きをかけるとともに、世界に通用するウイスキー造りを目標に掲げました。2004年には本場スコットランドのグラスゴーでインディアン・シングルモルト「アムルット」をデビューさせます。「アムルット」とはサンスクリット語で「人生の霊酒」という意味です。

アムルット蒸溜所のある土地は熱帯地域にもかかわらず、**夏は37℃以上にならず、冬は12℃を下回らないインドのなかでは過ごしやすい場所。標高も高く914mあります。**

熱帯地域が多いインドは熟成の速度がなんとスコットランドの3倍。エンジェルズシェアだけを見ると、樽が同じ場合、スコットランドが年間2～3%、米国ケンタッキー州が約12%なのに対して、アムルットのあるバンガロールでは10～16%と高く、**3年熟成でも実質10年に値する**とも言います。実はインドは世界一のウイスキー消費国。世界の販売数量をみても上位はインドのウイスキーばかりです。しかしインドの一般的なウイスキーは発酵した廃糖蜜から蒸留された中性スピリッツに約10%の少量のモルトウイスキーをブレンドしたもの。**インドにおいて世界に通用するシングルモルトウイスキーを造るのは革新的なこと**だったのです。

ラインナップ

「アムルット フュージョン」は、スコットランド産の麦芽を使用したピーテッドモルトとインド産のノンピーテッドモルトをそれぞれ4年間熟成。**ピーテッド25%とノンピーテッド75%の割合でヴァッティング。**西洋と東洋の両方の麦芽から造られたウイスキーを融合（Fusion）することから、この名前がつけられました。またウイスキー評論家のジム・マーレー氏著の『ウイスキー・バイブル2010』では**「世界第3位のウイスキー」とまで絶賛され、100点満点中97点のスコアをつけられました。**「アムルット」の代表的な銘柄でもあります。「アムルット ピーテッド」は、ピーテッド麦芽を使いバーボン樽で熟成したタイプのシングルモルト。ドライなピート香と柑橘感。**スモーキーな香りと、口全体に広がる甘さ、スパイシーな余韻が印象的**です。こちらも『ウイスキー・バイブル』2010と2011で金賞を獲得しています。

初心者にもおすすめ
飲み比べに最適なミニボトル

概要

一般的にウイスキーのフルボトルといえば、容量は700㎖や750㎖が一般的です。免税店仕様の1L のものや料飲店で使われることを想定したような大容量のものはありますが、小容量のものはあまりありませんでした。昔から50㎖のミニチュアボトルのようなものはありましたが、最近では**350㎖のハーフボトルや180㎖や200㎖などのボトルが各社から発売されています**ので、ご家庭で試すにはもってこいではないでしょうか。また小容量の空きボトルは、ハイボール用に詰め替えて冷凍庫に入れたり、ウイスキー仲間との交換用に使っなど活用方法もさまざま。フルボトルで1本買うには敷居が高いと感じる方は是非、小容量サイズから試してみてください。

ラインナップ

サントリーの「碧 Ao」や「知多」は350㎖のハーフサイズが発売されているほか、180㎖の「山崎」「白州」「知多」は現在、定期的にコンビニに入荷します。

スコッチでも「ザ・マッカラン12年トリプルカスク」のハーフボトルやディアジオのクラシックモルトシリーズの小容量のもの、「タリスカー10年」の200㎖もあります。ブルックラディからは「ザ・クラシックラディ」の200㎖が新発売しました。キルホーマン蒸溜所からは「キルホーマン マキヤーベイ」の200㎖も発売されています。グレンファークラス蒸溜所からは「10年」「12年」「15年」「105」の200㎖ が販売されていて、セット売りでの購入も可能です。ブレンデッドスコッチは定番の「ホワイトホース」「ジョニーウォーカー レッドラベル」「ジョニーウォーカー ブラックラベル 12年」「デュワーズ ホワイト・ラベル」などコンビニでも手軽に購入することができます。アメリカンウイスキーも、「ジャックダニエル」や「ジムビーム」「I.W. ハーパー」「ワイルドターキー　8年」「アーリータイムズ」など定番品が発表されています。

味覚の変化が起こる

さまざまなウイスキーを知ることにより自分の味覚も変化していきます。有名銘柄をひと通り飲んで、自分の好みを見つける楽しさとともに、さまざまな味を知ることにより、味覚が変化し、前は苦手だったものが好きになるという現象も起こりやすいのがウイスキーなのです。**是非飲んだことのない銘柄を試して**みてください。それがウイスキーを趣味にするという醍醐味のひとつだと思います。

問い合わせ先一覧

アサヒビール（株）
〒130-8602
東京都墨田区吾妻橋 1-23-1
0120-01-1121（お客様相談室）

（株）ウィスク・イー
〒101-0024
東京都千代田区神田和泉町 1-8-11-4F
03-3863-1501

江井ヶ嶋酒造（株）
〒674-0065
兵庫県明石市大久保町西島 919 番地
078-946-1001

雄山（株）
〒650-0047
兵庫県神戸市中央区港島南町 1-4-6
078-304-5125

ガイアフロー（株）
〒421-2223
静岡県静岡市葵区落合 555 番地
054-292-2555

キリンビール（株）
〒164-0001
東京都中野区中野 4-10-2
0120-111-560（お客様センター）

堅展実業（株）厚岸蒸溜所
0120-66-1650（お客様センター）
https://www.facebook.com/akkeshi.distillery

国分グループ本社（株）
〒103-8241
東京都中央区日本橋 1-1-1
03-3276-4125

小正嘉之助蒸溜所㈱
〒899-2421
鹿児島県日置市日吉町神之川 845-3
099-201-7700

（株）コートーコーポレーション
〒662-0862
兵庫県西宮市青木町 3-12
0798-71-0030

桜尾蒸留所
〒738-8602
広島県廿日市市桜尾1丁目 12－1
0829-32-2111(代表)

笹の川酒造（株）
〒963-0108
福島県郡山市笹川 1-178
024-945-0261

サントリーホールディングス（株）
〒135-8631
東京都港区台場 2-3-3
0120-139-310（お客様センター）

CT スピリッツジャパン（株）
〒150-0001
東京都渋谷区神宮前 2-26-5
03-6455-5810

（株）ジャパンインポートシステム
〒103-0021
東京都中央区日本橋本石町 4-6-7
03-3516-0311

スコッチモルト販売（株）
〒173-0004
東京都板橋区板橋 1-8-4
03-3579-8587

宝ホールディングス（株）
〒600-8688
京都府下京区四条通烏丸東入長刀鉾町 20
075-241-5111（お客様相談室）

ディアジオ ジャパン（株）
本社
〒107-6243
東京都港区赤坂 9-7-1 ミッドタウン・タワー 43 階
0120-014-969（お客様センター）
（土日祝日及び年末年始を除く平日 10：00 ～ 17：00）

（株）都光
〒110-0005
東京都台東区上野 6-16-17 朝日生命上野昭和通ビル 1F
03-3833-3541

長浜浪漫ビール（株）
〒526-0056
滋賀県長浜市朝日町 14-1
0749-63-4300

バカルディジャパン（株）
〒150-0011
東京都渋谷区東 3-13-11A-PLACE 恵比寿東ビル 2F
www.bacardijapan.jp

ヘリオス酒造（株）
〒905-0024
沖縄県名護市字許田 405
0980-52-3372

（株）ベンチャーウイスキー
〒368-0067
埼玉県秩父市みどりが丘 49
0494-62-4601

ペルノ・リカール・ジャパン（株）
〒112-0004
東京都文京区後楽 2-6-1 住友不動産飯田橋ファーストタワー 34F
03-5802-2671

本坊酒造（株）
本社
〒891-0122
鹿児島県鹿児島市南栄 3 丁目 27 番地
099-210-1210

宮下酒造（株）
〒703-8258
岡山県岡山市中区西川原 184
086-272-5594

ミリオン商事（株）
〒135-0016
東京都江東区東陽 5-26-7
03-3615-0411

MHD モエ ヘネシー ディアジオ（株）
〒101-0051
東京都千代田区神田神保町 1-105 神保町三井ビル 13F
03-5217-9777

リードオフジャパン（株）
〒107-0062
東京都港区青山 7-1-5 コラム南青山 2F
03-5464-8170

若鶴酒造（株）
〒939-1308
富山県砺波市三郎丸 208
0763-32-3032

著者プロフィール

CROSSROAD LAB（クロスロード ラボ）

1990年代からBARで働き、2000年に独立開業。

飲食店を経営しながら2016年6月、CROSSROAD LABとしてYouTubeのチャンネルを開設。

初期は様々な動画を投稿していたが2019年1月よりウイスキーの動画を投稿開始。

現在ではウイスキー中心のチャンネルになり、セカンドチャンネルを含めウイスキーに関する様々な情報を提供。

ウイスキー専門チャンネルとしては日本最大の登録者数を誇るYouTubeチャンネルに成長。

また、狩猟やギター講師を副業としライブ配信では様々な話題を提供している。

参考文献

「完全版　シングルモルトスコッチ大全」土屋 守著（小学館）

「伝説と呼ばれる 至高のウイスキー 101」イアン・バクストン 著、土屋 守 著・監修・翻訳、土屋 茉以子 翻訳（WAVE出版）

「Malt Whisky Yearbook 2021」Ingvar Ronde 著（MagDig Media Ltd）

ウイスキーを趣味にする

人気YouTuberが教えるウイスキーの楽しみ方

2021年12月31日　初版第1刷発行
2024年4月15日　初版第7刷発行

著　者　CROSSROAD LAB
発行者　角竹輝紀
発行所　株式会社マイナビ出版
〒101-0003
東京都千代田区一ツ橋2-6-3　一ツ橋ビル2F
TEL：0480-38-6872（注文専用ダイヤル）
TEL：03-3556-2731（販売部）
TEL：03-3556-2735（編集部）
URL：https://book.mynavi.jp

印刷・製本　中央精版印刷株式会社

ISBN978-4-8399-7816-7
Printed in Japan